주택단열

주택단열

지 은 이 | 강산택/나무집협동조합
펴 낸 이 | 김원중

편　　집 | 심성경, 송보경
디 자 인 | 박선경, 안은희
제　　작 | 허석기
관　　리 | 차정심
마 케 팅 | 박혜경

초판인쇄 | 2014년 12월 18일
2판 1쇄 | 2016년 3월 18일

출판등록 | 제313-2007-000172(2007. 08. 29)

펴 낸 곳 | 상상예찬 주식회사
　　　　　도서출판 상상나무
주　　소 | 경기도 고양시 행주산성로 5-10(행주내동)
전　　화 | (031)973-5191
팩　　스 | (031)973-5020
홈페이지 | http://www.smbooks.com

ISBN 979-11-86172-00-1 (13540)

값 18,000원

* 잘못된 책은 바꾸어 드립니다.
* 본 도서는 무단 복제 및 전재를 법으로 금합니다.

사계절이 뚜렷한 한국 기후에 꼭 알맞은 **단열 시공 실무지침서**

주택단열

강산택 지음 / 나무집협동조합

상상나무

권두언

미래 목조건축 사업의 활성화를 위해

  (사)한국목조건축기술협회(건설교통부 인가 사단법인 제 건교79호)에서는 목조건축전문교육기관인 목조건축기술교육원을 통하여 전국적으로 목조건축교육을 실시하고 있다.

  지난 수년간 국가등록 목조주택검사원민간자격증 시험을 실시해 오고 있으며 또한 목조건축기장 민간자격도 지속적으로 시행하고 있다. 그러나 현재 국내에는 전문교육 및 자격제도의 실시를 위해 뒷받침해 줄 수 있는 목구조기술에 연계된 단열 및 환기에 관한 기술지침서가 전무한 상태에 있는 것도 사실이다.

  지금까지 국내의 목조건축관련 자료서적은 외국기술서적의 번역판이나 참고도서 또는 콘크리트 건축에 한정되어 국내 목조주택 건축 환경과 부합되지 않는 부분들이 많았다.

  이러한 현실을 극복하고자 본 협회는 그동안 협회기술교육원의 목조건축 전문교육 과정에서 얻어진 국내외 자료 및 시공현장에서의 경험을 모아 이 한 권의 책에 담아내고자 노력하였다.

강의를 지도해 주신 교수님들과 본 교육원의 전문위원단이 중심이 되어 목조주택단열, 환기에 대하여 나무집협동조합과 공동집필하여 발행하게 되었다. 아직 미흡하고 또한 본의 아니게 오류가 있더라도 독자 여러분들의 격려와 제안을 통하여 앞으로 계속 수정 보완해 나갈 것을 약속드린다.

이번에 발간되는 이 자료집은 국가 에너지건축정책과 병행하여 미래의 목조건축사업의 활성화를 꾀하는 전문기술인들의 양성과 자격인증을 통한 목조건축전문건설업의 제도를 위해 좋은 자료가 될 수 있다면 더 없는 보람이 되리라 여기며 전문기술인들의 인증을 위하여 많은 분들의 관심과 협조를 바란다.

초판발행의 집필에 주요 역할을 하신 출제위원 강산택 대표, 김화룡 교수, 그리고 협회사무국 및 교육원 연구원 여러분께 감사의 인사를 전한다. 끝으로 출판에 도움을 주신 (주)상상나무 대표 및 관계직원 여러분들의 많은 노고에 감사드린다.

(사)한국목조건축기술협회 명예회장   JK김진희

발간사

목조주택 시공 기술 발전에 도움이 되길 바라며…

우리나라에서 연간 세워지는 주택 건물은 50만 채 정도로, 그 중 90%에 달하는 대부분이 아파트입니다. 미국, 캐나다, 유럽, 일본 등 선진국 주택 대부분이 단독주택이며 상당수가 목조주택인 현실과 너무나 상반됩니다. 그러나 현재 우리나라도 주택문화가 선진화되어 가는 추세에 있으며 점차 목조주택 건립이 활성화되고 있습니다.

잘 지어진 집은 유지·관리·보수비용이 적어야 합니다. 최근 선진국에서도 탄소에너지의 절약과 자연친화적인 녹색에너지의 획득을 위해 주택 단열을 강화한 패시브하우스에 지대한 관심과 발전이 가해지고 있습니다.

우리나라에서도 2013년 10월 기준으로 시행되고 있는 "건축물의 에너지 절약 설계기준"이 있으며 이 기준으로 지어지는 주택의 경우 에너지 소비량은 100㎡(30평기준) 15ℓ 정도 됩니다. 연간 냉·난방 에너지로 소비되는 양이 1,500ℓ 로 일반 등유 가격으로 환산하면 약 7.5드럼(190만원)이 됩니다. 참고로 우리나라 패시브하우스의 단열기준은 100㎡(30평 기준) 1.5ℓ 로 알려져 있습니다.

주택 단열이 완벽한 집은 겨울에는 따뜻하고 여름에는 시원합니다. 적은 연료를 사용해서 충분한 냉·난방 효과를 누릴 수 있어야 하며, 이를 위해서 시공에 참여하는 사람들이 단열재의 특성을 확실하게 숙지하고 그러한 이해력을 바탕으로한 꼼꼼한 시공이 이루어져야 합니다.

냉·난방 에너지를 절약하기 위해서는 열의 전도나 복사에 의해 주택 내부 난방열이 손실되지 않게 막는 방법과 겨울철 외부 태양빛(열)을 주택 내부로 들여서(온실효과) 난방을 해결하는 방법 등이 있습니다. 어떠한 방법이든, 에너지 전달 메커니즘을 이해하지 않고서는 불가능한 일입니다. 이러한 점에서 주택 단열과 관련하여 전반적인 자료 정리가 필요한 이유입니다.

국내 고단열 목조주택 전문회사인 '나무집협동조합'에서는 일반적인 주택에서도 7ℓ 하우스를 실현하면서, 특화된 단열자재를 이용하여 2ℓ 목구조외단열 주택을 짓고 있습니다. 소속된 목수들에 대한 꾸준한 교육과 기술의 전수, 그리고 기능 연마에 대한 자부심을 바탕으로 주택 단열과 환기에 관련한 자료를 정리해 본 책을 출간하게 되었습니다. 국내 최초로 목조주택 단열을 정리한 책이 출간됨으로서 우리나라의 목조주택 시공 기술 발전에 도움이 되길 바라며, 대한민국에서도 주택문화 선진화가 조속히 이루어지기를 바랍니다.

2014년 12월

나무집협동조합 대표목수 강산택

Contents

권두언　04
발간사　06

제 1 장

열이란 무엇인가

1. 열이란 14
2. 빛에서 열이 생기는 과정 21
3. 열전달 특성(전도, 대류, 복사) 24
4. 열전도율, 열관류율, 열저항 27
5. 단열이란 33

제 2 장

주택 종류별 단열 비교

1. 주택 종류와 단열 42
2. 주택 종류별 벽체 두께 비교 44
3. 통나무주택 단열 49
4. ALC블럭집 단열 52
5. 황토벽돌집 단열 55
6. 벽돌 주택, 조적조 주택의 단열 61
7. 조립식판넬 주택 단열 63
8. 철근 콘크리트 주택 단열 68
9. 한옥의 단열 71

제 3 장

주택 단열재 종류

1. 단열재 78
2. EPS – 비드법 단열재, 스티로폼, 발포 폴리스티렌 82
3. XPS – 압출법 단열재, 아이소 핑크 85
4. 비드법 2종 보온판 – 네오폴, 에너포르 87
5. 폴리우레탄폼 89
6. 수성 연질 폼 91
7. 그라스울 93
8. 양모 단열재 95
9. 미네랄 울 / 암면 98
10. 섬유질 단열재 (셀룰로오스 화이버) 101
11. 열반사 단열재 103
12. 에어로젤, 투과형 단열재 106
13. 진공 단열 패널 108
14. 정지공기 109
15. 단열필름 111

제 4 장

주택 단열

1. 단열 기준 116
2. 동결심도 121
3. 건물 부위별 단열계획 128
4. 기밀 시공 131
5. 환기 – 열회수 교환 136
6. 이중벽체 – Rain Screen 139
7. 이중지붕 – 다락, 오픈거실 145

Contents

제 5 장 목조주택의 단열 보강

1. 구조적 단열 보강 ······ 150
2. 기초 단열 보강 ······ 152
3. 벽체 단열 보강 ······ 156
4. 코너 단열 보강 ······ 158
5. 베커 단열 보강 ······ 161
6. 헤더 단열 보강 ······ 163
7. 처마 단열 보강 ······ 165
8. 그라스울 시공 ······ 167

제 6 장 창호

1. 유리 ······ 174
2. 창호 기능 ······ 178
3. 창호 성능 지표 ······ 188
4. 창 및 문의 단열성능 ······ 195
5. 로이 코팅 ······ 196
6. 알곤 가스 ······ 197
7. 창호 단열 보강 ······ 200

제 7 장
목구조 외단열 주택

1. 외단열 공법 · 204
2. 외단열 마감재의 종류 · 208
3. 주택 외단열 · 211
4. 접합 방식에 따른 구분 · 216
5. 단열재 접착 · 218

부 록
건축물의 에너지절약 설계기준 [국토교통부 고시 2013.10.1] 221

제 1 장

열이란 무엇인가

1. 열이란
2. 빛에서 열이 생기는 과정
3. 열전달 특성(전도, 대류, 복사)
4. 열전도율, 열관류율, 열저항
5. 단열이란

제1장

열이란 무엇인가

1. 열이란

(1) 태양열

단열을 알기 위해서는 우선 열이 발생되는 원천을 이해해야 한다. 우리가 살고 있는 지구는 태양계에 속하고 암흑 속에 존재하는 우주에서 태양계에 속해 있는 지구는 오직 태양에서 방사되는 열에 의한 에너지만으로 존재한다.

과거 아인슈타인이 상대성 이론에 의한 에너지와 질량의 관계를 알기 전까지 태양이 몇 십억 년 동안 스스로 타면서 열을 방출하는지 알 수 없었다.

태양이 뜨거운 원리는 단순하다. 질량이 에너지로 변환되는 과정이다. 태양핵 내부에서는 엄청난 압력과 온도에 의해 수소 원자가 충돌해 헬륨으로 변화되고 있는데 이때 약간의 질량 손실이 일어나고 이 약간의 손실이 모여서 $E=mc^2$ 이라는 유명한 공식으로 에너지화 된다. 즉

$$E = mc^2$$

잃어버린 질량×빛의 속도의 제곱 에너지가 발생하는 것이다.

　이 발생된 에너지는 바로 방출되는 것이 아니고 백만 년 정도의 시간이 걸려 태양의 외부 껍데기까지 온 후 태양의 표면을 거쳐 우주로 방출되는데 이때 방출되는 입자를 '광자' 라고 하며 그 질량은 0이다. 태양에서 방출되어진 어마어마한 양의 광자 중 극히 일부가 지구에

도착하는데 그것만 해도 굉장한 에너지가 되어 여름에 지구가 펄펄 끓는 현상이 일어난다. 물론 지구가 따뜻한 이유는 단순히 태양의 직접적인 광자 이동만은 아니다. 지구 역시 이 열을 가두는 일명 '온실효과' 현상을 통해 전달된 열이 쉽게 우주공간으로 빠져나가지 못하도록 잡는다.

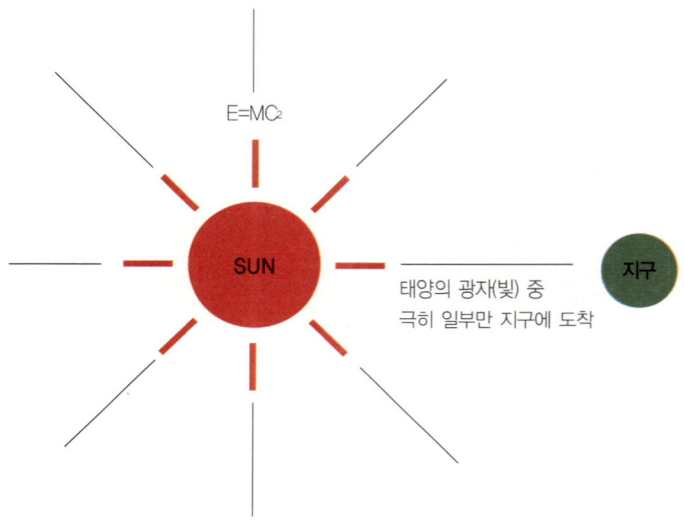

태양은 지구로부터 약 1억 5천만 km 떨어져 있다. 엄청난 거리로 우주에서 보면 점에 불과하다.

아주 먼 공간을 통과해 지구 대기에 도착한 광자는 지구 공전으로 인한 자전축 기울기에 따라 반사각 각도가 달라지며 흡수율이 다르다. 흡수율이 높으면 여름이 되고, 반사가 많으면 겨울이 되면서 지구에 4계절이 오고 간다.

(2) 태양의 복사에너지

빛에는 우리가 눈으로 볼 수 있는 '빨주노초파남보'의 가시광선이 있고 가시광선 이하의 영역인 짧은 파장(단파복사, 자외선, X-선)과 가시광선 이상의 영역인 긴파장(장파복사, 적외선)이 있다.

태양의 단파복사 에너지가 지표면에 충돌하게 되면 전자가 튕겨 나가면서 에너지의 성질이 장파복사로 바뀐다(아인슈타인 발견).

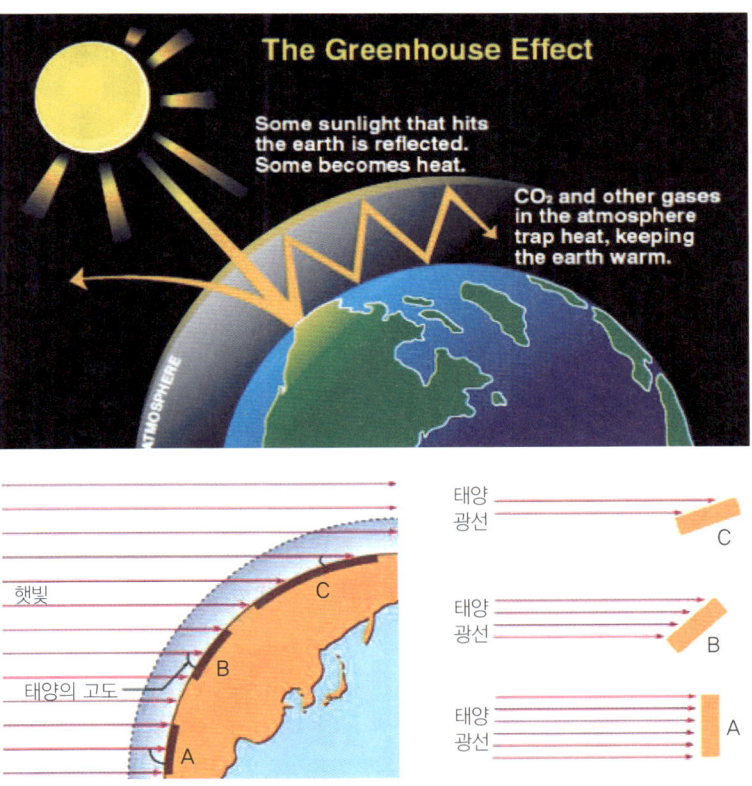

〈위도에 따른 복사에너지의 입사량 비교〉

(3) 지구의 복사에너지

복사를 한자로는 輻射라 쓰는데, '복(輻)'은 바퀴살을 말한다. 자전거 바퀴를 보면, 바퀴의 중심에서 사방으로 바퀴살이 뻗어있는데 이처럼 중심에서 사방으로 뻗어 있는 방사형 모양을 '복사'라 한다. 따라서 복사열은 열이나 빛이 한 점에서부터 사방으로 방사되는 것을 의미한다.

태양은 열원이므로 태양복사열을 뿜고, 지구도 하나의 열원이므로 지구복사열을 지면에서 뿜어낸다. 태양복사열과 지구복사열은 다르며, 땡볕 날씨에 실내나 응달진 곳에 들어갔을 때 더위를 덜 느끼는 것은 태양 복사열로부터 잠시 벗어났기 때문이다.

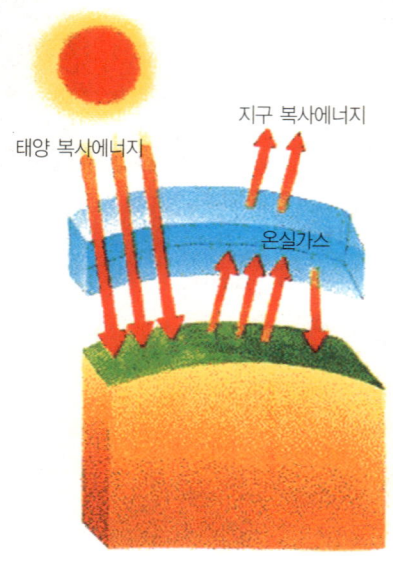

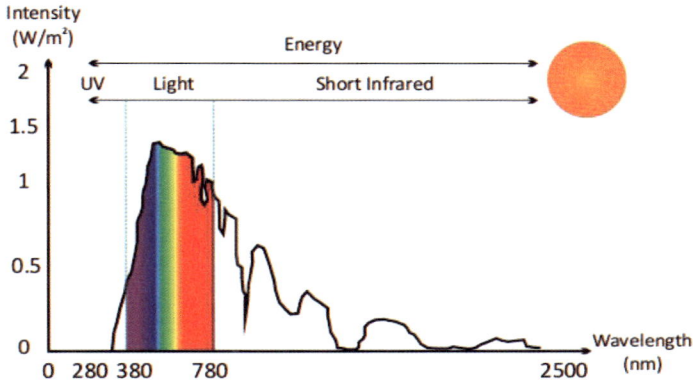

〈태양에너지 파장, 출처 : http://www.fgglass.com/light and thermal performance.html〉

(4) 가시광선

물론 모든 자외선이 오존층에서 막아지지는 않는다. 그래서 또 얼마간의 자외선들이 지표면까지 도달하는데 중간에 있는 구름이나 기타 물질들이 이것을 산란시키기도 한다. 이런 산란 효과는 자외선이 아닌 우리가 볼 수 있는 가시광선에서 명확히 나타나는데 그것이 바로 우리가 예쁘다고 감탄하는 노을이다.

노을은 태양의 7가지 색, 우리가 '빨주노초파남보' 라고 이름 지은 그 빛 중 짧은 파장대인 '파남보' 계열의 빛은 모두 낮은 태양의 고도로 인해 길게 대기를 통과하는 동안 모두 산란되어 눈에 보이지 않게 되고 나머지 붉은 계열 빛만 우리의 눈에 도착하여 그렇게 아름다운 붉은 노을을 만들어 내는 것이다. 혹시나 해서 말하자면 우리가 붉은

색계열의 파장대보다 더 긴 파장대이지만 우리 눈에는 보이지 않는 빛을 '적외선(赤外線)', 풀어 쓰면 붉은색 밖에 있는 파장 이라 부르고 반대로 보라색보다 더 짧은 파장대를 가져 역시나 눈에 보이지 않는 영역의 빛을 '자외선(紫外線)', 즉 보라색 밖에 있는 파장이라고 부른다. 우린 실제로 엄청난 구간의 빛의 파장대 중에서 아주 일부만을 보는데, 이 눈에 보이는 파장 영역을 가시광선(可視光線)이라 부른다.

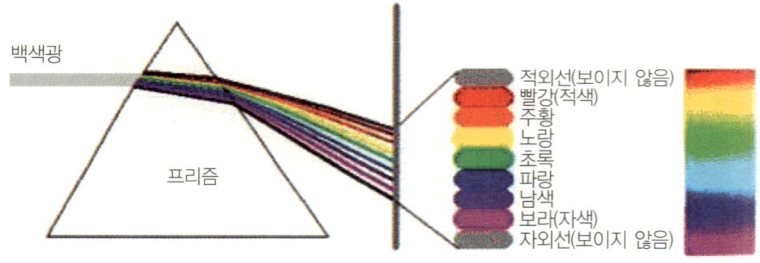

〈프리즘을 통한 빛의 분해〉

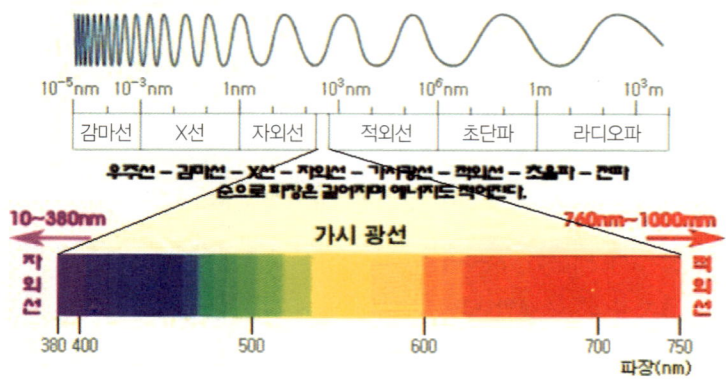

2. 빛에서 열이 생기는 과정

(1) 빛은 열이다

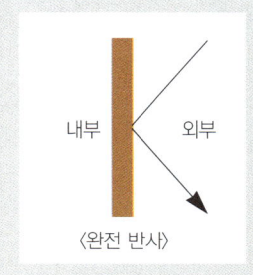

빛이 완전 반사하여 물체를 투과하지 않으므로 내부로 열이 전달되지 않는다.

(2) 물체 표면에서 열이 발생

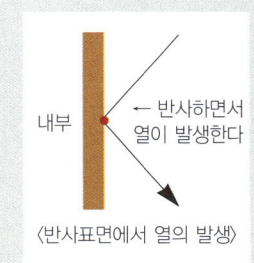

빛이 물체에 닿으면 흡수 또는 반사가 이루어지고, 반사된 빛은 파장이 길어지면서 동시에 열을 발생하게 된다.

(3) 물체를 통과하는 빛

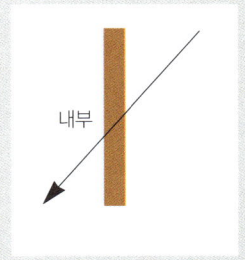

빛이 물체를 완전 통과하여 내부로 들어오게 되면 빛과 동시에 열도 들어오게 된다(빛이 열이다). 주택에서 겨울철 창호를 통해 빛을 내부로 들여 난방효과를 보는 것과 같다.

(4) 온실효과

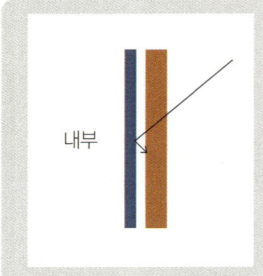

내부로 들어온 빛이 실내의 가구나 커텐 등에 부딪치게 되면 열로 변하여 실내에 남게 된다. 겨울에는 온실효과로 실내를 따뜻하게 덥혀 난방에너지를 그만큼 감소시킨다.

(5) 외부 블라인드 설치

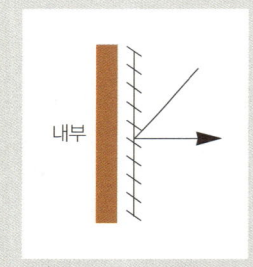

반대로 여름에 빛이 실내로 들어오게 되면 열을 발생시키고 냉방에너지를 사용하게 되므로 외부에 블라인드를 설치하여 빛의 유입을 원천 차단시키는 방법으로 냉방에너지를 감소시킨다.

(6) 복사를 활용한 냉난방

은박 보온담요(Thermal Blanket)는 복사열을 활용하여 조난을 당했다든지 또는 급박한 상황에서 사용할 수 있는 재료이다. 몸을 싸고 있으면 체온 유지율이 80% 정도로 높은 방한·방열성으로 체온의 급격한 변동을 막아줌으로 갑작스런 기상변화나 비상상황에 유용하다.

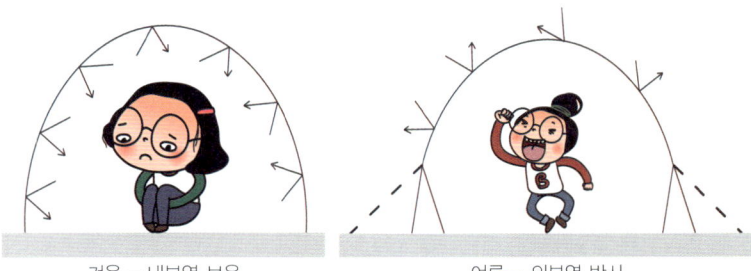

겨울 – 내부열 보온　　　　　여름 – 외부열 반사

은박 알루미늄(열반사단열재)을 덮어 쓰면 내부의 열을 반사시켜 체온을 떨어뜨리지 않으며 반대로 여름에는 외부의 열을 반사시켜 내부를 시원하게 유지시켜 준다.

3. 열전달 특성(전도, 대류, 복사)

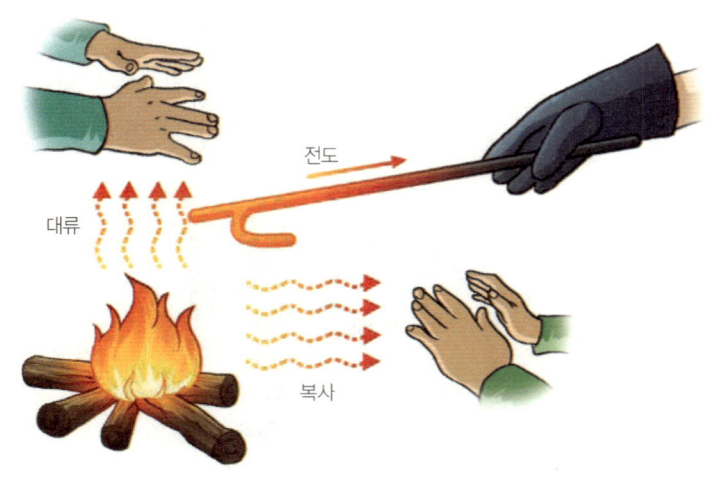

(1) 전도

열에너지가 물체를 통해 이동하지 않고(분자이동) 온도가 높은 곳에서 낮은 곳으로 이동하는 현상을 열전도라 한다. 냄비를 불에 올려놓으면 냄비가 뜨거워지는 이유는 열이 냄비 전체에 전달되기 때문이다. 이때의 열전도율은 물질에 따라 다르다.

| 예 |

전기줄을 통한 전기의 이동현상, 방바닥에 설치한 난방 파이프에 더운물이 흐르면 방바닥이 따뜻해지는 현상, 젓가락을 끓는 냄비에 넣으면 젓가락이 뜨거워지는 현상, 후라이팬을 불에 얹어놓으면 윗쪽이 뜨거워지는 현상, 뜨거운 것을 담은 유리컵의 표면이 뜨거워지는 현상 등

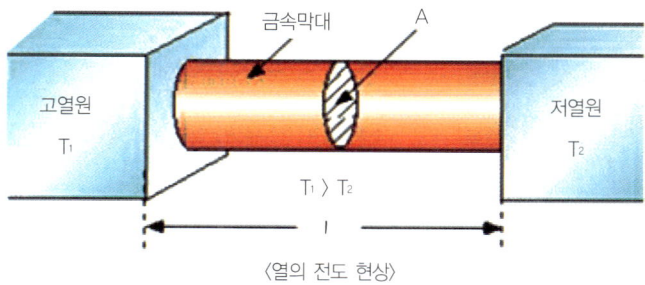

〈열의 전도 현상〉

(2) 대류

가열된 공기나 수증기가 움직이면서 골고루 열이 전달되는 현상으로 차가운 공기는 무겁기 때문에 아래로 내려가고, 따뜻한 공기는 가볍기 때문에 위로 올라간다. 따라서 에어컨을 위에 두고, 히터를 아래에 둔다.

| 예 |

사무실 한구석에 난로를 피워놓으며 방안공기가 따뜻해지는 현상, 솥이나 냄비에 물을 끓이면 물이 데워지는 현상, 낮에는 바다에서 육지로, 밤에는 육지에서 바다로 바람이 부는 현상, 낮에는 산 아래에서 산꼭대기로, 밤에는 산꼭대기에서 산 아래로 바람이 부는 현상 등

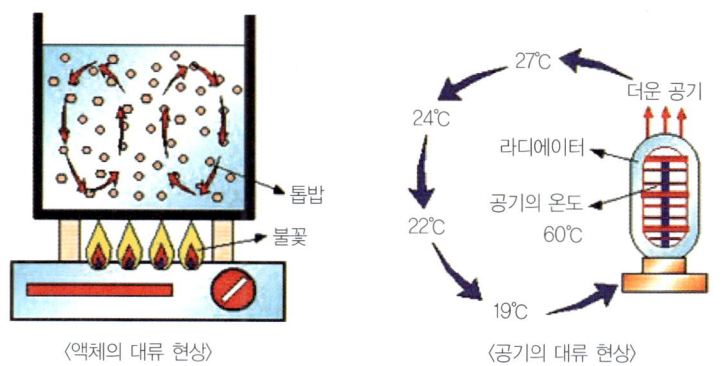

〈액체의 대류 현상〉　　　〈공기의 대류 현상〉

(3) 복사

대류를 통해서 열이 전달되지 않고, 열이 직접 이동하는 것으로 캠프파이어를 할 때 손을 가까이에 대면 따뜻해진다. 열이 손으로 전달되기 때문이다.

비슷한 현상으로 지구에서 지표면에 가까울수록 덥고, 멀수록 추운데, 빛이 지나가면서 올리는 열 보다 지표에 복사되는 열이 더 많기 때문이다.

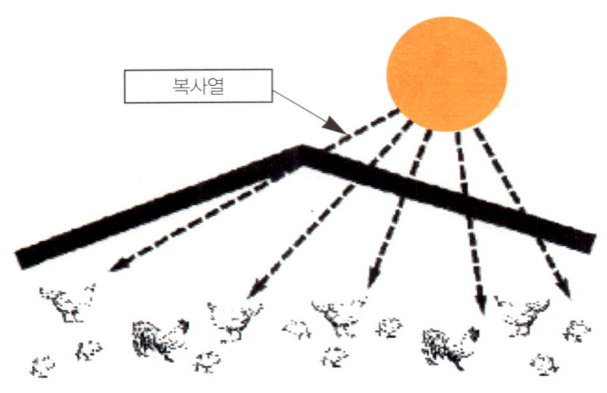

| 예 |

태양에너지가 지구에 도달하는 현상, 모닥불 앞에 있으면 따뜻함을 느끼는 현상, 양지에서 햇볕을 쬐면 따뜻해지는 현상, 아스팔트 위에서 더위를 느끼는 현상 등.

4. 열전도율, 열관류율, 열저항

단열을 말하기 위해서는 적어도 열전도율, 열관류율, 열저항이라는 세 가지 용어를 이해해야 한다. 이 용어들의 사전적 의미를 먼저 살펴보자.

※ 열전도율 : 물체 내부에서 열의 전달 정도를 나타낸 비율. 물체 내부의 임의의 점에서 등온면(等溫面)의 단위 면적을 지나 이것과 수직으로 단위 시간에 통과하는 열량과 이 방향의 온도 기울기와의 비(比)로 나타내며, 온도나 압력에 따라 달라진다.

※ 열관류율 : 열의 전달 정도를 나타내는 용어로 단위면적의 재료를 통과하는 열량을 말한다. 열관류시험을 통해 건축물의 열에너지 손실 방지 성능을 판단할 수 있고, 건축 단열부재 및 벽, 창, 문 등의 단열 성능을 측정할 수 있다.

※ 열저항 : 물체에서의 열흐름을 방해하는 힘의 척도를 말한다.

(1) 열전도율이란?

두께가 1m인 재료의 열전달 특성이며 단위는 W/mk 혹은 kcal/mh℃ 로 표현된다.

(k=℃로 이해하면 된다. 즉 W/mk = W/m℃)

(2) 열관류율(U값)이란?

■ 열 관련 용어

- **열관류율 K(㎉/㎡h℃)**

열관류는 열이 벽과 같은 고체를 통하여 공기층에서 공기층으로 열이 전하여 지는 것을 말하며, 단위시간에 1㎡의 단면적을 1℃의 온도차로 있을 때 흐르는 열량을 열관류율이라 한다

- **열전도율 λ(㎉/㎡h℃)**

열전도는 열을 재료의 앞쪽 표면에서 뒷쪽 표면으로 전달하는 것을 말하며, 두께 1m, 면적 1㎡인 재료의 앞쪽표면에서 뒷쪽으로 1℃의 온도차로 1시간동안 전달된 열량을 열전도율이라 한다

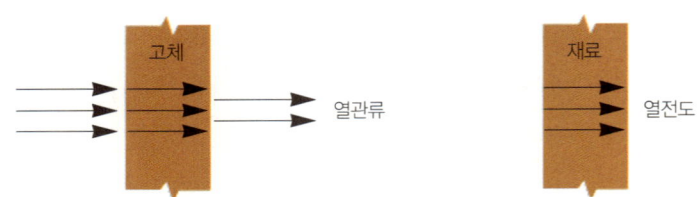

- **열저항 R(㎥h℃/㎉)**

고체 내부의 한 지점에서 다른 한 지점까지 열량이 통과할때 이 통과 열량에 대한 저항의 정도를 말한다

특정 두께를 가진 재료의 열전도 특성이며 단위는 W/㎡k 이다.

세상의 모든 재료가 1m 두께로만 이루어져 있다면 열전도율만 알아도 된다. 창호 또는 문의 두께가 각각 다른 만큼 열관류율 값을 알아야 단열에 대한 설명이 쉽다.

※ 열전도율과 열관류율 상관관계

① 열관류율은 두께가 다른 경우의 통과되는 열량을 알기 위한 측정단위이고 열전도율은 두께 1m인 경우의 열전도 측정단위이다.

$$\text{즉, 열관류율} = \frac{\text{열전도율}}{\text{두께}} = \frac{\frac{W}{mk}}{m}$$

② 위·아래 분수를 정리하면

$$\frac{\frac{W}{mk} \times (mk)}{m \times (mk)} = \frac{\frac{W}{\cancel{mk}} \times \cancel{(mk)}}{m \times (mk)} = \frac{W}{m^2 k}$$

③ 열관류율 = W/m^2k로 나타난다.

(3) 열저항(R값)이란

① 열저항은 열관류율의 역수이다.

$$\text{즉, 열저항} = \frac{1}{\text{열관류율}} = \frac{\text{두께}}{\text{열전도율}}$$

② 단위 : m^2k/W, R값이라고도 한다.
③ 주로 미국에서 사용하는 값이며 숫자가 클수록 성능이 높다.

$$\text{열저항} = \frac{\text{두께(미터)}}{\text{열전도율}}$$

(4) 패시브주택의 외벽 계산법

패시브주택의 열관류율은 $0.15W/m^2k$ 이하로 맞추어져야 하는데 비드법1호 단열재(EPS, 스티로폼)만으로 이 기준을 맞추기 위한 두께를 계산하면

$$\text{열관류율} = \frac{\text{열전도율}}{\text{두께}} \Rightarrow \text{두께(m)} = \frac{\text{열전도율}}{\text{열관류율}}$$

그러므로 두께(m)는 0.034/0.15 = 0.226m 즉, 비드법1호 단열재(EPS, 스티로폼)의 경우 0.226m 즉 226mm가 되어야 한다.

■ 건축물의 에너지절약설계기준(개정 : 2012.11.30 시행 : 2013.9.1)

[별표1] 지역별 건축물 부위의 열관류율표   (단위 : W/m² K)

건축물의 부위			중부지역	남부지역	제주도
거실의 외벽	외기에 직접 면하는 경우		0.270 이하	0.340 이하	0.440 이하
	외기에 간접 면하는 경우		0.370 이하	0.480 이하	0.640 이하
최상층에 있는 거실의 반자 또는 지붕	외기에 직접 면하는 경우		0.180 이하	0.220 이하	0.280 이하
	외기에 간접 면하는 경우		0.260 이하	0.310 이하	0.400 이하
최하층에 있는 거실의 바닥	외기에 직접 면하는 경우	바닥난방인 경우	0.230 이하	0.280 이하	0.330 이하
		바닥난방이 아닌 경우	0.290 이하	0.330 이하	0.390 이하
	외기에 간접 면하는 경우	바닥난방인 경우	0.350 이하	0.400 이하	0.470 이하
		바닥난방이 아닌 경우	0.410 이하	0.470 이하	0.550 이하
바닥난방인 층간바닥			0.810 이하	0.810 이하	0.810 이하
창 및 문	외기에 직접 면하는 경우	공동주택	1.500 이하	1.800 이하	2.600 이하
		공동주택 외	2.100 이하	2.400 이하	3.000 이하
	외기에 간접 면하는 경우	공동주택	2.200 이하	2.500 이하	3.300 이하
		공동주택 외	2.600 이하	3.100 이하	3.800 이하

| 비고 |
1) 중부지역 : 서울특별시, 인천광역시, 경기도, 강원도(강릉시, 동해시, 속초시, 삼척시, 고성군, 양양군 제외), 충청북도(영동군 제외), 충청남도(천안시), 경상북도(청송군)
2) 남부지역 : 부산광역시, 대구광역시, 광주광역시, 대전광역시, 울산광역시, 강원도(강릉시, 동해시, 속초시, 삼척시, 고성군, 양양군), 충청북도(영동군), 충청남도(천안시 제외), 전라북도, 전라남도, 경상북도(청송군 제외), 경상남도, 세종특별자치시

(5) 표면 열전달저항

열전달저항이란 벽체를 구성하는 소재의 처음과 끝에서 열을 전달

하려는 힘에 대한 저항력을 말하며 이를 그림을 통해 보면 쉽게 이해할 수 있다.

실내의 열은 ①번 벽을 뚫고 ②번 벽을 통과해서 ③번 벽을 뚫고 외부로 나가게 되는데, 이때 ①번 벽과 ③번 벽의 표면에서 저항이 생긴다(물체 표면에 접해 있는 정지 공기의 영향이 열저항 요소로 작용하기 때문이다). ①번이 실내표면 열전달저항, ③번이 외표면 열전달저항이다(표면 열전달저항 수치는 "건축물의 에너지절약 설계기준" 별표5 참조).

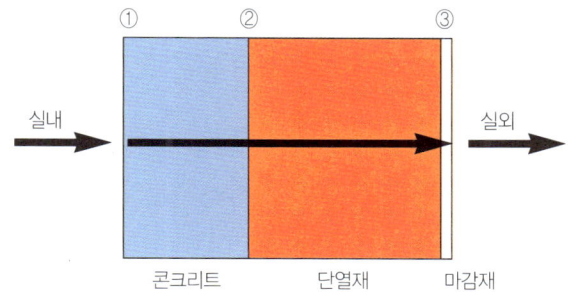

〈출처 : 한국패시브건축협회〉

■ 열관류율 계산시 적용되는 실내 및 실외측 표면 열전달저항

건축물의 에너지절약 설계 기준 [별표5]   [단위:㎡ K/W]

열전달저항 건물 부위	실내표면열전달저항 [단위 : ㎡·K/W] (괄호안은 ㎡·h·℃/㎉)	실외표면열전달저항 [단위: ㎡K/W] (괄호안은 ㎡·h·℃/㎉)	
		외기에 간접 면하는 경우	외기에 직접 면하는 경우
거실의 외벽(측벽 및 창, 문 포함)	0.11(0.13)	0.11(0.13)	0.043(0.050)
최하층에 있는 거실 바닥	0.086(0.10)	0.15(0.17)	0.043(0.050)
최상층에 있는 거실의 반자 또는 지붕	0.086(0.10)	0.086(0.10)	0.043(0.050)
공동주택의 층간 바닥	0.086(0.10)	-	-

■ 열관류율 계산시 적용되는 중공층의 열저항

건축물의 에너지절약 설계 기준 [별표6]   (국토해양부 고시 제2012-69호)

공기층의 종류	공기층의 두께 da(cm)	공기층의 열저항 [단위 : ㎡·K/W] (괄호안은 ㎡·h·℃/㎉)
공장 제조 기밀제품	2 cm 이하	0.086×da(cm) (0.10×da(cm))
	2 cm 초과	0.17 (0.20)
현장 시공 등	1 cm 이하	0.086×da(cm) (0.10×da(cm))
	1 cm 초과	0.086 (0.10)
중공층 내부에 반사형 단열재가 설치된 경우	방사율 0.5 이하 : (1) 또는 (2)에서 계산된 열저항의 1.5배 방사율 0.1 이하 : (1) 또는 (2)에서 계산된 열저항의 2.0배	

(6) 재료별 열전도율

종류	열전도율(W/mk 20°C)	비 고
콘크리트	1.400	밀도 : 2,250(kg/㎥)
시멘트벽돌	0.380	밀도 : 1,800(kg/㎥)
무근콘크리트	1.630	
기포콘크리트	0.160	
화강석	3.300	
흙벽(황토벽돌)	0.204	
흙(자연상태)	0.580	일반 흙집
ALC블럭	0.092	밀도 : 540(kg/㎥)
스티로폼	0.037	
유리섬유	0.044	목조주택 단열재 : 8(kg/㎥)
정지공기	0.022	
왕겨숯	0.030	
목재	0.140	
석고보드	0.220	
폴리우레탄폼	0.018	밀도 : 35(kg/㎥)
삼나무	0.099	
코르크판	0.040	
물	0.500	

5. 단열이란

(1) 단열의 원리

열은 전도, 복사, 대류 방식으로 이동하는데 각각의 이동방식에 대해 이동량을 줄이거나 차단 또는 지연시키는 것이 단열의 기본원리이다. 단열을 하는 주된 목적은 건물로부터의 열손실이나 열흡수를 억제하여 냉난방장치의 용량을 줄이고 연간 냉난방 에너지 소비량을 절약하는 것이다.

단열의 효과가 가장 높은 재료는 정지된 공기로 상온 20℃의 경우 열전도율이 0.0220kcal/mh℃로서 어느 단열재보다 가장 좋다. 따라서 공기를 이용한 기포콘크리트나 발포 폴리스틸렌 등과 같은 재료는 단열재의 기본이 된다.

(2) 단열재의 구비조건

① 열전도율이 낮아야 한다.
② 흡수율이 낮아야 한다.

함수율 관련하여 물의 열전도율은 0.52kcal/mh℃로 동일온도 조건에서 공기의 약 24배, 얼음은 1.9kcal/mh℃로 약 90배가량 된다. 이와 같이 단열재 내부에 물이나 얼음이 생기면 열전도율이 급격히 높아지고 결국 단열재의 성능이 떨어지게 된다. 따라서 단열재의 흡수율이 낮아야 하는 것이다.

③ 비중 : 재료가 밀실하여 비중이 커지면 열전도율도 커지는 경향이 있으나 단열재에서는 이와 반대되는 경우도 있으므로 주의를 요한다.
④ 내화성이 커야 한다.
⑤ 기계적인 강도를 가져야 한다.
⑥ 화재 시 유독가스를 분출하지 않아야 한다.
⑦ 변질되지 않아야 된다.
⑧ 재질이 균일하여야 한다.
⑨ 가격이 저렴하여야 한다.

■ 각종 재료들의 단열성능(R 값이 클수록 높은 단열성)

재 료		R 값(두께 1인치 당)
목재(구조재, 합판)		1.25
벽돌, 콘크리트		0.2
유리섬유		3.12
스치로폼		4
금속	철	0.0032
	알루미늄	0.0007
유리(단일창)		0.88

① R(열저항성)=1/C(열전도율)
  - 두께 1인치 당 열전도에 대한 저항능력
② 스치로폼이 유리섬유보다 단열성이 높은데 **이음매 부분이 완벽한 단열처리가 어려워** 실제적인 단열효과는 20%정도 떨어진다고 볼 수 있다.
③ 목재는 콘크리트보다 단열효과가 6배 높다는 것을 알 수 있다.

■ 각종재료의 INCH당 "R" VALUE

재 료	콘크리트	벽돌	Hardwoo	글라스울	고성능 글라스울	암면	Cellulose	스치로폼	XPS (아이소핑크)	우레탄
R Value/1	0.08	0.16	0.8	3.1	3.8	2.8	3.5	3.8	4.8	5.9
%	3	5	26	100	126	90	113	122	155	190

※ 글라스울 100% 가정한 비교치

(3) 난연재, 준불연재, 불연재

- 난연재 : 내장재에 난연 기능 추가. 특수처리하여 느리게 연소
- 준불연재 : 열을 가해도 잔 불씨가 생기지 않으나 연소 시 가스 발생
- 불연재 : 10분 이상 열을 가해도 발화 연소 되지 않는 자재

난연, 준불연, 불연 등으로 구분되는 자재에 대한 기준은 어떤 차이가 있을까. 잇단 화재 참사로 화재에 강한 자재에 관심이 늘고 있지만 정작 용어에 대한 이해도는 낮은 편이다. 건자재업계에 따르면 난연이든, 불연이든, 화재에 강하다는 의미는 어느 정도 이해하지만 실제 우리 생활에서 접하는 자재 가운데 어떤 것이 난연제품이고 어떤 것이 불연제품인지를 명확히 아는 이는 드물다.

난연성능에서는 불연재를 난연1급, 준불연재를 난연2급, 난연재를 난연3급으로 분류하고 있다.

불에 가장 강한 자재는 불연재로, 쉽게 말해 연소가 되지 않는 자재라는 이야기다. 불연재는 10분 이상 열을 가해도 잔 불씨가 남지 않으며 자체 열발산이 일어나지 않는다. 대리석이나 석재, 콘크리트와 무기단열재인 그라스울, 미네랄 울 등이 불연재에 속한다.

준불연재 역시 10분 이상 가열해도 잔 불씨가 없는 것은 불연재와 동일하지만, 연소 시 가스가 발생할 수 있어 불연재보다는 불에 약한 자재다. 석고보드와 인조대리석이 대표적인 준불연재에 속한다.

난연재는 대부분의 내장재에 난연기능이 더해진 제품이라고 볼 수 있다. 연소되기 쉬운 제품이지만 특수처리를 통해 연소를 늦췄고, 연소 시 가스발생은 불연재나 준불연재보다 높다. 난연패널, 난연 합판, 난연 필름 등이 이에 속하며 화재 시 사고의 주범으로 꼽히는 샌드위치 패널 가운데도 난연제품이 있다. 난연보다 낮은 화재 안전 기준으로는 방염이 있다. 커튼이나 이불 등 일반적으로 불에 쉽게 연소되는 제품이 타는 것을 어느 정도 방지해주는 것이 방염처리다.

그러나 무조건 불연재기 때문에 준불연재나 난연재보다 뛰어난 것은 아니다. 불연재는 화재를 막지만 열을 전도하는 능력이 떨어지기 때문에 열전도율이 낮은 단점이 있다. 따라서 냉난방 시 더 많은 연료와 에너지가 필요할 수 있다.

(4) 공기층의 단열효과

공기층의 열전도율이 가장 높기 때문에 건축물의 외피구조체 내부에 중공층을 형성하여 구조체의 단열성능을 높인다. 이것은 공기의 비열이 다른 건축 재료에 비해 현저히 낮은 점을 이용하여 구조체의 열저항을 높여주는 방법이라 할 수 있다. 이때의 공기층의 열 저항은 공기층 내부에서의 전도와 대류 및 복사에 의한 열전달에 의하여 형성된다.

공기층이 기밀화 되어 있을 때 단열효과는 크지만 구조체의 균열 및 틈새에 의해 기밀성이 떨어지면 단열효과는 급격히 저하된다. 공기에 대한 기밀성의 상태와 마찬가지로 구조체 내의 공기층 두께도 공기층의 단열에 영향을 미친다.

복층유리(pair glass)의 경우 내·외의 유리사이에 공기를 충진하는 것보다 공기보다 열전도율이 낮은 아르곤 가스를 주입할 때 열관류율이 낮아지므로 단열효과가 높다. 그러나 유리창의 간격이 넓어질수록 열관류율은 낮아지나 유리창의 간격이 2㎝ 이상이 되면 거의 같은 단열효과를 나타낸다.

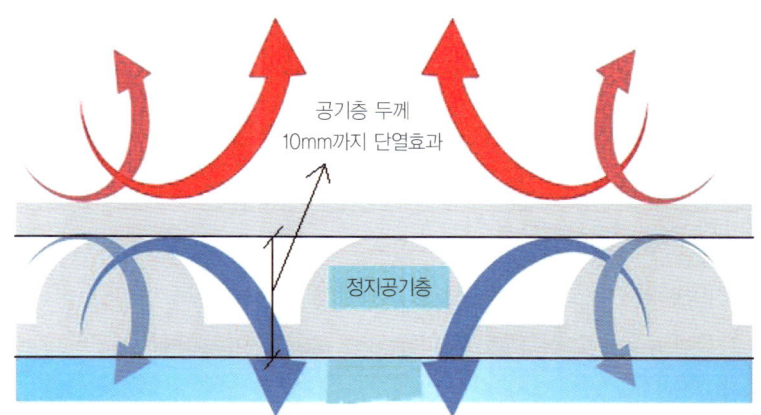

(5) 반사형단열재

우리가 잘 알고, 익숙한 스티로폼 단열재, 즉 비드법 발포폴리스티렌은 주로 전도에 대한 열이동을 차단하는 열저항 효과를 이용한 단열재이고, 반사형 단열재는 주로 복사에 의한 열차단 효과를 이용한 단열재이다.

겨울철 추운 외기에 의한 전도 열손실을 줄이는 데에는 반사형 단열재만으로는 성능에 한계가 있지만, 반대로 여름철 일사에 의한 복사열 차단에는 반사형 단열재가 상당한 효과를 볼 수 있다. 반사형 단열재 또는 반사형 단열필름은 복사열 차단이 주목적이다.

(6) 진공단열재

진공단열재는 기밀성을 갖는 봉지재에 심재를 넣고 내부를 진공상태로 처리하는 것으로, 기존 단열재에 비해 거의 완벽한 성능을 발휘한다. 공기가 없는 진공은 열의 전도와 대류가 일어나지 않기 때문에

높은 단열성능을 필요로 하는 곳에서는 진공단열판을 사용하는 곳이 점차 증가하고 있다.

진공단열재의 열전도율은 0.0045로 '가' 등급 단열재인 0.034보다 8배의 단열성능을 갖는다. 단열재 두께가 1/8로 줄기 때문에 최적의 공간 활용성을 갖는다.

진공은 가장 우수한 형태의 단열재여서 보온통의 경우에도 내부와 외부사이에 간격을 만들고 그 사이에 있는 공기를 모두 뽑아내어 진공으로 만든다. 또한, 실제로 건물외벽에 진공단열재를 사용하면 단열효과는 두 세배 이상 향상시킬 수 있으며, 건물에 진공 판넬 단열재를 사용하면 단열성능 향상과 단열재의 두께를 크게 줄일 수 있어서 내부공간이 확장되므로 건축비 부담이 어느 정도 증가하더라도 상당히 매력적인 기술로 인식되고 있다.

그러나 이렇듯 우수한 성능에도 불구하고 진공단열재 역시 단점을 지닌다. 진공단열재의 단점을 정리하면 아래와 같다.

■ 진공단열재의 단점
- 고진공 상태를 장기간 유지할 수 있는지에 대한 의문
- 진공 단열판넬의 수명 보증에 의문
- 진공판넬의 외피는 알루미늄 박판으로 매우 얇아서 물리적 기계적 충격에 약함
- 고가의 가격
- 단열재 연결부위에서 열교발생 가능

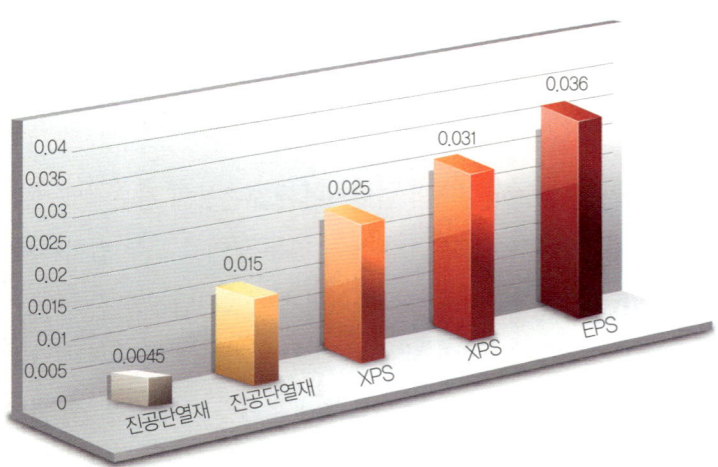

〈열전도율값 비교 – 낮을수록 고효율임〉

제 2 장

주택 종류별 단열 비교

1. 주택 종류와 단열
2. 주택 종류별 벽체 두께 비교
3. 통나무주택 단열
4. ALC블럭집 단열
5. 황토벽돌집 단열
6. 벽돌 주택, 조적조 주택의 단열
7. 조립식판넬 주택 단열
8. 철근 콘크리트 주택 단열
9. 한옥의 단열

제2장

주택 종류별 단열 비교

1. 주택 종류와 단열

 주택에서 가장 바람직한 집짓기 형태는 우리 주변에서 쉽고 편하게 구할 수 있는 재료를 사용하여 집을 짓는 것이다. 한국형 전통 주택인 한옥은 우리 주변에서 쉽게 구할 수 있는 나무와 흙을 주재료로 하는 건축형태였다.

 한옥의 과학은 단독기초를 사용하여 사람이 거주하는 공간을 바닥에서 띄웠는데 이는 땅에서 올라오는 방사선 라돈 가스를 차단(라돈 가스 폐암 유발)해 주는 역할을 하고 창호지를 통한 환기·환풍 효과는 4계절이 뚜렷한 기후에서 쾌적한 주거환경을 보장하며, 대청마루 쪽문은 베르누이의 원리를 활용한 것으로 여름철 시원한 주거 조건을 만들어 준다.

 다만 벽체를 황토를 다져 만들었기 때문에 우리 조상들은 바닷가나 강가 등 습기에 노출되는 환경에 집 짓는 것을 꺼려했으며, 흙으로 만든 벽체 손상을 최소화하기 위해 처마를 길게 늘어뜨리는 방식으로 시공 방법을 찾을 수밖에 없었다. 또한 흙의 단열성능이 낮아 겨울철 추위를 피하기 어려웠다.

현대에서 도시화로 인한 주택 단지화는 건축 수요의 폭발로 인하여 주변에서 쉽게 구할 수 있는 재료의 사용이 매우 제한적일 수밖에 없는 환경이 되었고, 산업화로 인한 건축자재의 발달과 소재의 개발로 인해 다양한 건축자재가 사용되고 있다.

많은 자재와 건축 소재는 선택의 다양성을 확보해 주지만 그 재료에 대한 공부 없이는 부실한 시공과 불필요한 건축비용이 발생하는 관계로 주택을 건축하는데 있어 건축주에게도 그만큼 많은 자재, 재료에 대한 정확한 정보를 얻어야 하는 수고로움이 필요하게 되었다.

우리나라의 주택 90%는 아파트로서 벽체가 시멘트 콘크리트로 구성되어 있는데 콘크리트의 경우 단열성능이 거의 없기 때문에 외부단열재를 사용해야 한다. 열반사단열재 또는 비드법단열재(EPS-스티로폼)에 대한 별도의 단열성능을 설명하고 있으며 이 책에서는 단독주택의 벽체를 구성하는 자재에 대한 정확한 단열성능을 이해하고 설명하는데 집중하도록 하겠다.

주택 종류	단열재	단열성능 (W/m²k 20°C)
목조 주택	그라스 울	0.044
통나무 주택	나무	0.140
ALC블럭 주택	ALC	0.092
황토벽돌 주택	황토	0.204
판넬 주택	EPS-스티로폼	0.036
콘크리트 주택	콘크리트	1.400

2. 주택 종류별 벽체 두께 비교

(1) 같은 단열성능에서 벽체 두께 비교
- 주택에서 같은 단열성능을 가질 때 주택의 재료에 따른 벽체 두께를 살펴본다.
- 재료마다 각기 다른 열전도율 때문에 각각의 벽체 두께도 달라진다.
- 각 재료에 따른 정확한 시공 매뉴얼을 지켜서 시공함을 전제로 했다.

(가) 목조주택

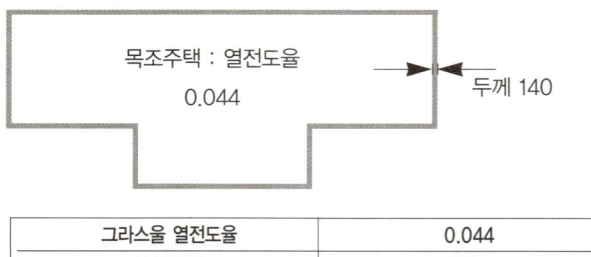

그라스울 열전도율	0.044
벽체 두께	140mm

(나) 통나무주택

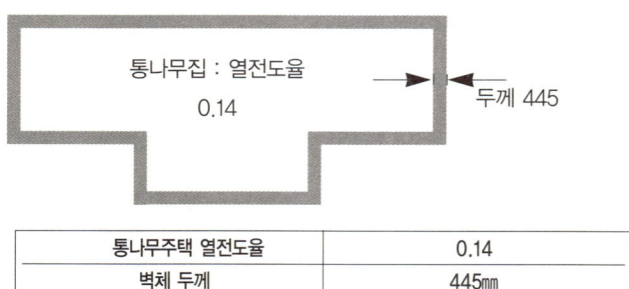

통나무주택 열전도율	0.14
벽체 두께	445mm

(다) ALC블록주택

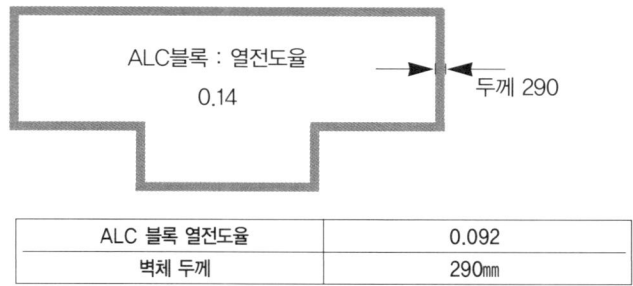

ALC 블록 열전도율	0.092
벽체 두께	290mm

(라) 황토벽돌집

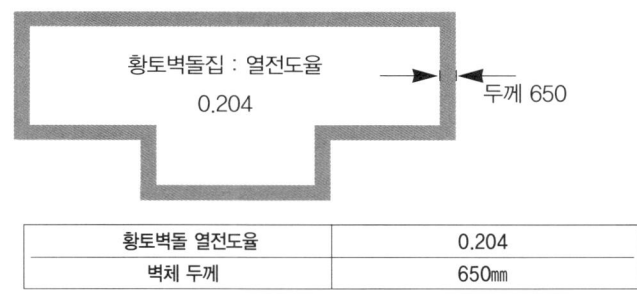

황토벽돌 열전도율	0.204
벽체 두께	650mm

(마) 벽돌주택(조적 또는 블록)

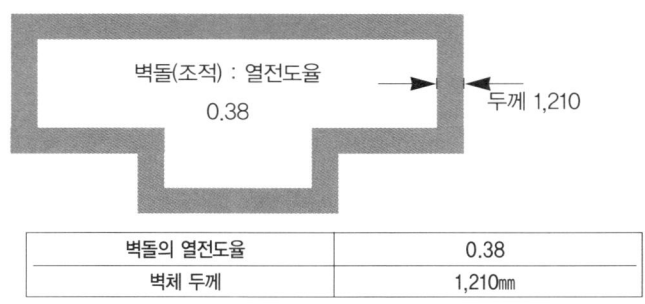

벽돌의 열전도율	0.38
벽체 두께	1,210mm

(2) 벽체 두께가 두터워지면 내부사용 공간이 줄어든다

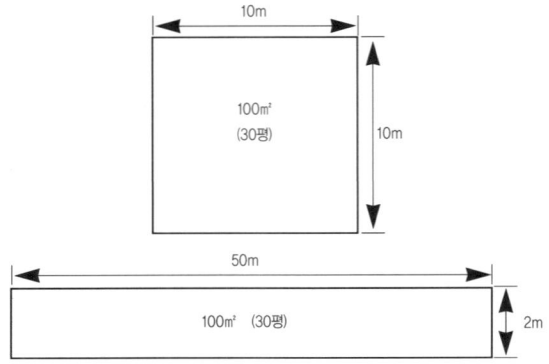

(가) 건축면적 100㎡(30평) 기준 외벽 길이를 보면

- 똑같은 100㎡(30평) 면적이지만 정사각형과 직사각형으로 늘어뜨리면 외벽 길이가 달라진다.
- 정사각형은 외벽길이 40m, 직사각형은 104m

(나) 통상 집을 정사각형으로 반듯이 짓는 경우는 없다.

(다) ㎡(30평)을 기준으로 통상 외벽 길이를 50m로 평균하고, 외벽 벽체의 폭이 100㎜(10㎝, 또는 0.1m)인 경우를 가정하여 건축면적에서 외벽 벽체가 차지하는 면적을 살펴 보면

- 벽체 면적 = 외벽길이 50m × 벽체굵기 0.1m = 5㎡이 된다.

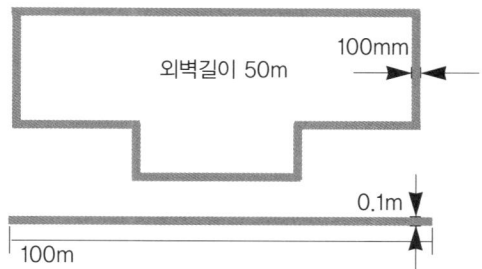

(라) 우리나라의 건축법상 건축면적은 외벽 벽체의 중심선을 기준으로 하여 건축면적을 산정한다.(참고로 미국의 경우 건물 외곽선을 기준으로 한다)

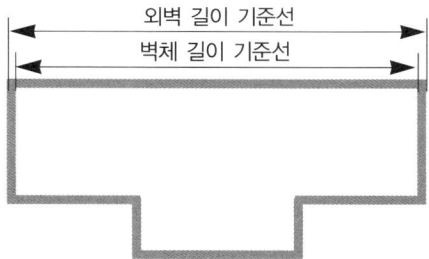

(마) 100㎡(30평)을 기준으로 외벽 벽체의 폭이 100㎜(10㎝, 또는 0.1m)인 경우 건축면적에서 벽체 두께가 차지하는 면적이 5㎡ 이고, 국내 건축법 기준으로 벽체 중심선으로 면적을 산정하기 때문에 실제 건축면적에서 산정되는 면적은 2.5㎡(5㎡ ÷ $\frac{1}{2}$)가 된다.

(바) 벽체 두께가 100㎜(10㎝, 또는 0.1m) 두꺼워질수록 2.5㎡씩 실사용 면

적이 줄어드는 것을 살펴볼 수 있다. 똑같은 건축면적에서 벽체의 두께 때문에 사용 면적에서 눈에 보이지 않게 손해 본다는 말이 된다.

- 단열을 위해 벽체 두께를 두텁게 시공하는 경우 단열 성능면에서는 만족할 수 있겠지만, 건축면적에서 건축주가 실사용 면적을 손해 볼 수 있다는 점을 염두에 둬야한다.

> 벽체가 100㎜(10cm, 또는 0.1m) 두꺼워질수록
> 사용면적 2.5㎡(1평)씩 손해본다.

※ 외단열로 설치된 건축물의 바닥면적 산정에서 단열재가 설치된 외벽 중 내측 내력벽의 중심선을 기준으로 산정한 면적을 바닥면적으로 한다.(건축 법시행령 제119조)

※ 외단열 공법을 선택할 경우 단열재 두께와는 관계없이 건축면적/연면적을 모두 내측의 내력벽을 중심선으로 면적을 산정함에 따라 패시브하우스, 목구조 외단열 등의 고단열 건축물이 면적에서 손해보지 않아도 된다.

3. 통나무주택 단열

(1) 통나무주택 단열

통나무주택에서 사용되는 벽체 부재의 단열성능은 목조주택의 나무보다 3배정도 떨어지기 때문에 벽체의 두께도 통나무주택이 목조주택의 3배정도 되어야 비슷한 단열성능을 보이게 된다. 통나무주택은 건축부재로서 나무가 갖는 자체의 단열성능이 나쁘다고 말할 수는 없지만, 주택의 완벽한 단열성능을 보여주기에는 조금 부족하다.

통나무는 그 외관을 보면 빈 틈새가 없어 보이나, 사실은 목질(세포벽질)과 함께 상당한 양의 공극으로 이루어진 다공성 재료이다. 어떤 목재의 목질이 차지하는 비율을 실질률이라 하고, 공기가 들어 있는 공극이 차지하는 비율을 공극률이라 부른다. 우리가 통나무집을 지을 때 많이 사용하는 Douglas-fir은 68%가 공극이고 38%는 목질로 이루어져 있다. 대부분의 목재는 목질량보다 공극이 더 많은 셈이다.

(2) 건조된 목재의 공극 속에는 공기가 가득 담겨져 있다

생재 상태의 목재 공극 속에는 수분과 공기가 담겨져 있다. 세포 공극 속에 담겨져 있는 수분을 자유수라고 하는데, 이것은 목재가 건조되면 공극은 모두 정지된 공기로 채워져 강도가 뛰어난 천연 스티로폼이라 할 수 있을 것이다. 그래서 목재가 다른 재료들보다 가볍고, 단열성이 좋고 충격 흡수에 탁월하면서 미관성을 겸비하고 있다.

(3) 나무는 따뜻하고 부드러운 느낌을 준다

목재는 눈으로 볼 때 뿐만 아니라 신체와 접촉했을 경우에도 따스하며 부드러운 느낌을 준다. 이것은 목재의 열전도율이 낮기 때문에 신체와 접촉 시 접촉면에서의 열전달이 적게 일어나고 이 때문에 접촉 시 쾌적한 온·냉 감각을 줄 수 있는 것이다.

(4) 열교현상의 발견

통나무주택의 벽체는 가공된 통나무를 눕힌 채 연결하여 적층식으로 쌓아 올리게 되는데 이때 통나무끼리 접촉되는 부분의 벽체 두께가 얇아지는 상황을 피할 수 없다.

통나무주택의 단열은 나무 그 자체로 이루어질 수밖에 없는데, 나무의 두께가 얇아지는 부분에 대한 특단의 조치가 이루어지지 않는 한

어쩔 수 없는 단열성능의 저하를 불러오게 되는 단점을 갖는다.

특히 벽체와 서까래가 만나는 부분에서의 단열성능 방지를 위한 조치가 반드시 필요하다.

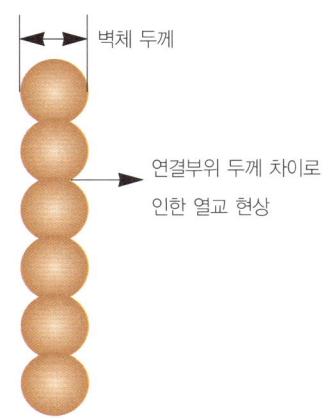

(5) 목조주택과의 단열 비교

단열재	열전도율(W/㎡k, 20°C)	비 고
나무	0.14	목조주택 단열재의 단열성능이 통나무 보다 3배 좋다
Glass Wool(목조주택)	0.044	

4. ALC블럭집 단열

ALC블럭의 경우 목조주택에서 사용되는 Glass Wool단열재보다 단열성능이 2배이상 떨어지기 때문에 같은 단열성능을 유지하기 위해서는 ALC블럭의 경우 목조주택의 벽체두께보다 2배 이상의 두터운 벽체두께가 필요하게 된다.

(1) ALC란(Autoclaved- Lightweight Concrete)

ALC는 가벼운 콘크리트라고 생각하면 된다. 석회와 규산을 혼합한 원료에 물과 기포제를 넣고 고온고압의 오토클레이브에서 구워 내는 것, 마치 밀가루에 이스트를 넣고 오븐에 구우면 크게 부푼 식빵이 탄생하는 것과 같다. 오븐역할을 하는 것을 오토클레이브(Autoclave)라고 부르는데, 180℃ 온도와 10기압의 압력에서 증기를 양생시키는 기구이다. 규산질 원료와 석회질 원료의 비율은 제조 회사마다 각각 다르지만 소재나 제품으로서의 물리적, 화학적 성질에는 큰 차이가 없다고 알려져 있다.

(2) 단점은 습기에 약하다

ALC의 단점은 습기에 약하다는 것이다. 양생하는 과정에서 생긴 공기층이 전체의 80%를 차지하기 때문에 이런 공기층이 충분한 단열성능을 담보해 주지만, 반대로 수분을 흡수하게 되면 그 양이 대단하다. 바르는 마감재의 경우도 무척 빨리 흡수해버려 두꺼운 칠이 힘들

종류

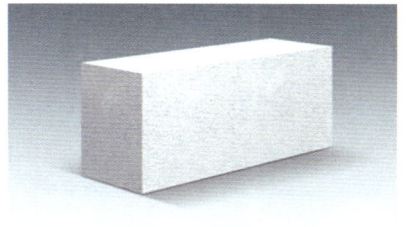

일반블록 | KS규정에 의한 비중 0.5의 표준품으로 압축강도 290N/cm²(30kg/cm²) 이상인 블록

발수블록 | 원료 배합 시 실리콘 오일을 첨가해 발수 성능을 높인 흡수율 20% 이하인 블록

고강도 블록 | 차음구조용 벽체나 구조적인 강도를 요구하는 벽체에 사용하는 비중 0.55 이상, 압축강도 490N/cm²(30kg/cm²) 이상인 블록

정도이다.

자재를 보관할 때 비를 맞추는 것을 피하고 습도가 70%가 넘는 날엔 시공을 하지 않는 등 철저한 시공관리가 필요하다.

(3) 무공해 자재

환경지향적 건자재로 한국과 일본에서는 농림부로부터 비료로 인증 받았고, 유럽에서도 에너지 절약형 환경보호자재임을 인증받은 상태이다. 실제 시공 후 남은 ALC블록을 잘게 부수어 마당에 까는 석회분 대용으로 쓰거나, 작물의 거름으로 사용할 수 있다.

(4) 시공의 편이성

ALC는 일반콘크리트보다 4~5배나 가벼워 성인이라면 600㎜×300㎜×250㎜의 외벽용 블록 하나쯤은 간단히 들 수 있고, 시멘트블록보다 사이즈가 훨씬 커서 1루베(m^3)에 들어가는 블록의 수가 그만큼 적으니 시공기간도 짧다.

(5) 목조주택과의 단열 비교

단열재	열전도율(W/m^2k, 20°C)	비 고
ALC블럭	0.092	ALS블럭 단열성능이 목조주택 단열재보다 2배가 떨어진다
Glass Wool(목조주택)	0.044	

5. 황토벽돌집 단열

웰빙 전원주택으로 흙집 또는 황토벽돌집을 선호하는 경향이 있지만, 황토의 단열성능에 대한 검토 없이 집을 지었다가 낭패를 볼 수 있기에 황토벽돌 자재에 대한 확실한 정보를 정리할 필요가 있다.

(1) 황토벽돌의 단열성능

목조주택에서 사용하는 Glass Wool 단열재와 황토벽돌은 단열성능이 5배 정도 차이가 있다. 통상 2×6 구조재를 사용하는 목조주택의 벽두께가 14㎝인데 이런 경우 같은 단열성능을 갖는 황토벽돌집을 짓는 경우 70㎝의 벽체두께를 가져야 한다.

(2) 황토벽돌의 이중 시공

건축면적에서 벽체 두께가 차지하는 비율이 클수록 내부 사용공간이 줄어들기 때문에 (벽체두께가 10㎝ 두꺼워지면 욕실 한 개의 내부

공간이 사라진다) 벽체 두께를 줄이면서 단열 성능을 만족시키기 위해서 황토벽돌을 이중으로 시공하고 벽돌 사이 공간에 보조 단열재를 사용하기도 한다.

(가) 벽돌 사이 내부공간의 열반사단열재 시공

이중벽돌 사이의 내부공간에 열반사단열재를 시공하는 경우 열반사단열재의 은박부위에 최소한 25mm(1인치) 띄워 복사열을 뺄 수 있는 대류 공간을 만들어 줘야 한다. 간혹 이런 대류공간을 없애고 참숯이나 왕겨숯으로 채우는 경우가 있는데 이럴 경우 열반사단열재의 복사열 차단의 효과를 없애 결과적으로 단열효과를 기대할 수 없게 한다.

〈잘못된 시공 사례〉

(나) 대류공간의 확보

열반사단열재를 시공하는 경우 은박표면으로 반사되는 빛(열)을 빼줄 수 있는 대류공간의 확보가 필요하다.

또한 열반사단열재 표면에 자재, 흙, 먼지 등으로 오염시키는 경우 반사 효율을 저하시켜서 열반사단열재 특성인 복사를 할 수 없게 하여 단열성능을 떨어뜨린다.

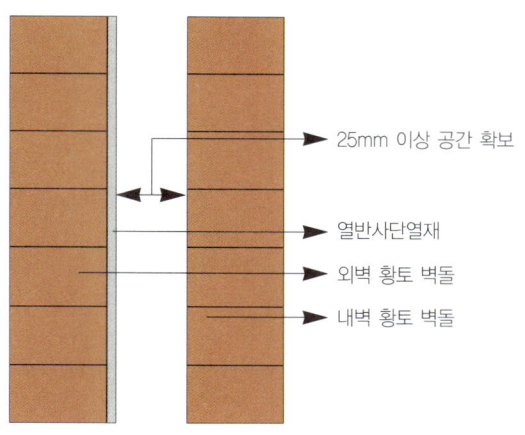

(다) 내부공간에 왕겨숯을 채우는 경우

내부공간에 단열효과를 높이기 위해 왕겨숯을 채우는 경우가 있는데 미세한 공극을 갖고 있는 왕겨숯은 작은 충격이나 시간의 경과에 따라 공극이 채워지면서 가라앉게 된다. 왕겨숯이 가라앉으면 결국 윗부분에 공간이 생기게 되는데, 이런 공간으로 인해 단열이 깨지게 된다.

왕겨숯 열전도율	0.030 W/mk

(라) 윗 공간으로 열교 발생

　왕겨숯은 가볍고 그 자체의 공극이 많아서 시간(세월)이 지나면서 중력에 의해 자연적으로 가라앉게 되는데 이때 벽체 전체를 꽉 채우고 있던 왕겨숯이 아래로 처지게 되면서 윗부분으로 길다랗게 공간이 생긴다.

　옛 속담에 "바늘구멍으로 황소바람 들어온다"고 했는데 벽체 윗부분으로 길다랗게 생겨난 공간으로 공기가 출입하면서 단열이 깨지게 된다.

〈시간이 경과한 벽체〉

(3) 황토벽돌과 나무는 수축팽창율이 다르다

황토벽돌과 나무는 각각의 수축팽창율이 다르기 때문에 시간이 지나면 황토벽돌과 나무가 만나는 부분에서 벌어짐으로 인한 공간이 생긴다. 봄 해동 후와 여름철 장마가 지난 후 일 년에 두 번 정도는 보수를 해 줘야 한다.

황토벽돌과 나무의 벌어짐을 방지하기 위해 나무에 홈을 파서 황토벽돌을 끼워 넣어 시공하는 방법을 취하기도 하는데, 하지만 시간이 지나면서 두 개의 부재 사이 틈이 생기는 것은 해결할 수 없는 현상이며 이러한 틈으로 공기가 지나면서 단열이 깨지게 된다.

(4) 흙다짐집의 단열성능

흙다짐으로 집을 짓는 경우의 흙은 자연 상태의 흙을 조금 단단하게 뭉쳐서 사용하는 관계로 일반 자연 상태의 흙이 갖는 단열성능으로 봐야 한다. 따라서 흙다짐집의 단열성능은 황토벽돌집 보다 약 2.5배 정도 단열성능이 낮다.

(5) 목조주택과의 단열 비교

단열재	열전도율(W/m²k 20°C)	비 고
황토벽돌	0.204	목조주택 단열재의 단열성능이 황토벽돌 보다 5배 좋다
일반 흙(자연상태)	0.580	
Glass Wool(목조주택)	0.044	

6. 벽돌 주택, 조적조 주택의 단열

(1) 시멘트벽돌의 단열성능

시멘트벽돌의 단열성능은 목조주택에서 사용되는 Glass Wool 단열재보다 9배 정도 단열성능 차이를 보인다. 그렇기 때문에 벽돌주택의 경우 현장에서 이중 조적 시공방법을 택하며 이중벽돌 사이 공간에 EPS 등 보조 단열재를 사용하여 부족한 단열성능을 보강한다.

(2) 단열 보강 방법

㈎ 이중벽돌 시공

㈏ 외단열 보강

외단열재로 EPS(스티로폼) 등을 외단열 자재로 둘러준 후 스타코로 마감

(3) 목조주택과의 단열 비교

단열재	열전도율(W/㎡k, 20°C)	비 고
시멘트벽돌	0.38	목조주택 단열재의 단열성능이 시멘트벽돌 보다 9배 좋다
Glass Wool(목조주택)	0.044	

7. 조립식판넬 주택 단열

(1) 조립식판넬 주택이란

조립식판넬 주택은 대량생산이 가능한 국산 자재를 사용하므로 저렴한 가격에 집을 지을 수 있는 것이 가장 큰 장점이다. 자체 하중이 경량인 관계로 많은 자재를 필요로 하지 않으며 작업 여건이 좋아서 시공기간도 짧아 목조주택이나 철근콘크리트 주택에 비해 공사비용을 줄일 수 있다.

화재에 취약하고 접합부분의 냉교(Cold Bridge) 현상으로 인한 단열 성능 저하를 방지하기 위해 시공에 주의해야 하고 가능한 2중 벽체 2중 단열을 하는 것이 바람직하다.

(2) 단열재 종류에 따른 구분

⑺ EPS판넬, 스티로폼판넬

- 발포 폴리스티렌(PS) 단열재 조립식판넬(샌드위치판넬)

(나) 우레탄판넬, PUR판넬, PIR판넬

- 경질 폴리우레탄폼 단열재 조립식판넬(샌드위치판넬)

경질 우레탄폼판넬은 그라스울판넬이나 미네랄울판넬보다 견고하고 비용면에서 경제적이다. 우레탄폼은 수분에 대한 저항력이 크다. 경질 우레탄폼판넬은 강판과 우레탄폼의 결합이 완벽하지 않을 수 있기 때문에 강판과의 접합면에 유의해야 한다. 특히 판넬을 연결하는 절단면 강판의 우레탄폼 접합을 잘 확인해야 한다. 모세관 현상에 의한 강판과 우레탄폼 사이의 물 유입은 부식을 일으킬 수 있는 단점이 있다.

(다) 그라스울판넬, 미네랄울판넬

- 인조 광물섬유 단열재 조립식판넬(샌드위치판넬)

그라스울판넬은 경질 우레탄폼판넬에 비해 가격이 저렴하다. 그라스울의 물리적 특성상 습기에 노출되지 않아야 하고 시공할 때 빗물이나 응축수의 침투가 없어야 한다.

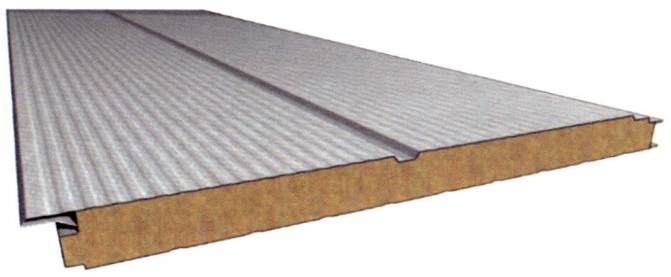

(3) 이중벽체 이중단열 구조

조립식판넬 주택의 경우 목조주택에서 사용되는 Glass Wool 단열재와 비슷한 단열성능을 보임에도 불구하고 조립식판넬 주택이 춥다고 말하는 이유는 판넬과 판넬 사이의 기밀시공이 치밀하지 않기 때문이며, 단열재를 감싸고 있는 철판으로 인한 연결부위의 냉교(Cold Bridge) 현상으로 내부열을 빼앗기게 된다.

단열을 보강하기 위한 시공방법으로는 50㎜ 사각철제 기둥을 사이로 외벽체 100㎜와 내벽체 50㎜의 판넬을 양쪽으로 붙여서 시공해주면 이중판넬 시공이 된다. 이중으로 단열재가 붙고 가운데로 50㎜ 단열공기층까지 이루어지므로 확실한 단열효과를 볼 수 있으며, 가운데 단열공기층으로 전기배선과 설비배관을 시공하면 화재로부터 안전한 주택을 지을 수 있다.

지붕의 경우 50㎜ 판넬로 실내 지붕을 덮고 지붕 트러스 위쪽으로 75㎜ 또는 100㎜ 판넬을 깔고 지붕면을 만들어 주면 된다.

벽체와 지붕을 이중 판넬로 시공하는 경우 단판 판넬 시공보다 평당 10만원 정도의 추가 비용이 발생한다.

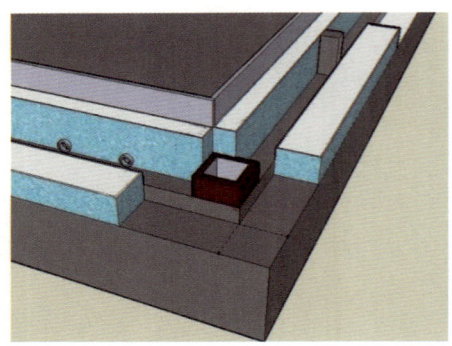

(4) 판넬의 연결부 열교현상의 이해

(가) 연결부 열교

판넬은 EPS 등의 단열재를 강판에 싸서 만들어진 제품인데 두 개의 판넬을 연결하게 되면 연결부위는 단열재가 아닌 강판이 겹치게 되면서 이 부분으로 열교현상이 발생하게 된다.

쇠는 단열재가 아닌 열전도체라는 점을 생각하면 이 부분에서 열이 새는 현상을 이해할 수 있다. 연결부위를 빈틈없이 꼼꼼하게 시공하더라도 이런 현상은 없앨 수 없다.

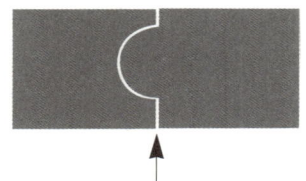

(나) 벽체 선형 열교

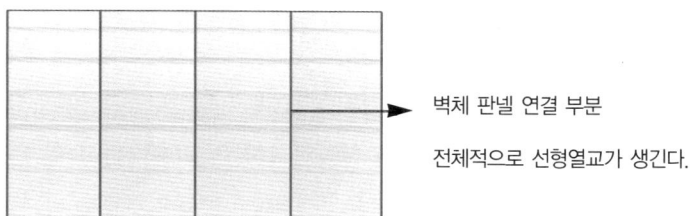

벽체 판넬 연결 부분
전체적으로 선형열교가 생긴다.

(5) 강화된 단열 기준

2013년 9월 1일 개정된 단열기준은 단열재 나등급 기준으로 140mm이상, 다등급 기준으로 160mm이상을 사용하도록 기준이 강화 되었다. 이런 기준의 단열재를 1개 벽에 전체 두께로 시공하는 경우가 있고 이중벽체로 중간에 공기층을 확보하여 단열효과를 최대한 올려 시공하기도 한다.

(6) 목조주택과의 단열 비교

단열재	열전도율(W/㎡k, 20°C)	비 고
스티로폼(EPS)	0.037	목조주택 단열재와 EPS 단열성능은 비슷하다
Glass Wool(목조주택)	0.044	

8. 철근 콘크리트 주택 단열

철근 콘크리트 주택은 기둥, 보, 내력벽, 바닥, 슬래브 등 집의 주요부가 철근 콘크리트로 시공되는 일체식 주택을 말한다. 철근과 콘크리트는 건축자재의 중요한 성능인 압축과 인장력에서 강하고 일체화된 구조를 이루면서 상당한 내구성을 갖는 우수한 구조성능을 나타낸다.

각종 소규모 건물, 빌라, 다세대, 아파트, 단독주택 등에 가장 널리 적용되는 공법이다.

(1) 철근 콘크리트 주택의 장점

철근 콘크리트 주택은 가장 보편화된 공법이며 구조가 전체적으로 일원화되어 구조적 성능이 우수하다. 노출 콘크리트는 산성비에 부식

되는 경향이 있으나 비바람 등에 잘 견디고 오래간다. 또한 가장 보편적인 공법으로 주변에서 쉽게 자재를 구할 수 있으며 업체 선정도 용이하다.

- 외부 마감재 사용이 자유롭다.
- 알칼리성 콘크리트가 철근의 부식을 방지한다.
- 두 재료 간 부착 강도가 우수하다.
- 내구성, 내화성 구조이다.
- 재료가 풍부하며 구입이 쉽다.
- 유지, 관리비가 적게 든다.
- 차음성이 뛰어나다.
- 옥상공간과 테라스의 이용이 가능하다.

(2) 철근 콘크리트 주택의 단점

소재 자체의 단열성능이 떨어지기 때문에 과도한 난방비와 겨울철 결로 현상을 쉽게 접하게 된다. 여름에는 태양 복사열을 발산하는 축열 기능도 하므로 냉난방 부하가 크며 잘 알려진 시멘트 독성으로 인한 피해가 크다. 습도 조절 능력이 떨어지는 관계로 여름철에는 쾌적한 실내 환경 구현이 어렵다.

- 자체 중량이 무겁다.(1루베당 2.3~2.4ton)
- 단열효과가 떨어진다.
- 스티로폼 단열재를 사용할 경우 화재 시 인명손실이 크다.
- 시멘트 독성으로 인해 건강상 문제점이 있을 수 있다.

- 습식 구조로 공기(工期)가 길며 겨울공사가 어렵다.
- 파괴, 철거가 어렵다.
- 거푸집 등 가설물 설치비용이 많이 든다.
- 재료의 재사용이 곤란하다.
- 3층 이상의 대량 공동주택에는 가장 보편적인 방법이다.
- 뼈대와 바닥은 철근 콘크리트로 구성되나, 기타의 칸막이 벽돌은 벽돌 또는 블록 등의 조적식 구조 또는 각종 패널로 구성된다.

(3) 철근 콘크리트의 단열

단열재	열전도율(W/㎡k, 20°C)	비 고
콘크리트	1.400	단열성능 비교 불가능
Glass Wool(목조주택)	0.044	

일반 콘크리트의 단열성능은 전혀 없다. 따라서 콘크리트 건물의 외벽 단열재를 시공해야 하며 어떤 소재를 사용하는가에 따른 단열성능이 달라진다. 통상 열반사단열재를 사용한다.

9. 한옥의 단열

(1) 한옥

한옥이란 선사시대부터 우리나라의 고유한 기술과 양식으로 지은 집을 말하며 '우리나라 고유의 양식으로 지은 집을 양식 건물에 상대하여 부르는 말(1975 삼성 새우리말 큰사전)' 이다.

한옥의 지붕에 쓰이는 기와는 삼국사기 신라 본기에 언급된 점으로 보아 기원 전후인 2,000년 전부터 건축에 사용된 것으로 본다.

한옥은 나무와 흙을 주성분으로 사용하여 지어지는 친환경적인 건축으로 공해를 발생시키지 않는다. 사용 자재는 대부분 재활용이 가능하며 자연으로 분해되는 특성으로 삶의 터전을 훼손시키지 않는다. 특히 한옥 지붕 곡선의 아름다움은 다른 나라의 직선적인 지붕 형태에 비하여 우리나라만의 고전적인 미적 감각을 나타내 준다.

(2) 한옥의 단열재

한옥의 지붕과 벽체는 주로 볏짚과 황토를 반죽하여 발라 구성한다. 볏짚이 머금은 공기가 열을 차단하는 단열재 역할을 하며 황토의 수분 조절 기능으로 쾌적한 주거환경을 조성한다.

단열재	열전도율(W/㎡k 20°C)
황토벽돌	0.204
일반 흙(자연상태)	0.580

황토는 원적외선을 방출하여 체감온도를 높이고 축열효과가 뛰어난 것으로 알려져 있지만, 실제 황토가 갖는 열전도율은 위 도표와 같다. 황토(일반흙)를 단단하게 다져서 만든 황토벽돌 보다 단열성능이 떨어진다.

(3) 구들

전통 한옥은 북방의 폐쇄적 구들을 들인 온돌문화와 남방의 개방적 마루를 깐 대청문화가 한 건물에서 함께 공존하며 서로의 개성과 조화를 이룬다. 특히 구들난방은 서양 벽난로 등 입식문화의 난방에 비해 방바닥을 달구어 난방하므로 건강과 난방 에너지 효율면에서 뛰어나다.

- 두한족열(頭寒足熱) : 머리는 차고 발은 따뜻하다.
- 수승화강(水昇火降) : 찬공기는 아래로 내려가고 따뜻한 공기는 위로 올라간다.

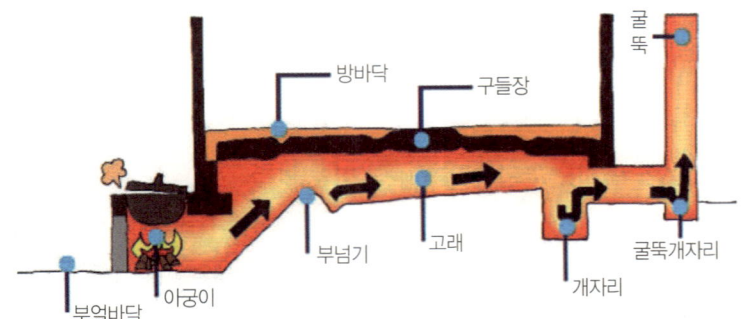

(4) 처마

한옥의 처마는 곡선의 아름다움이 빼어남과 동시에 난방에 있어서 과학적 원리를 품고 있다.

한옥 처마의 고개 숙인 서까래는 집안의 따뜻한 공기를 오래 머물게 하여 보조난방 역할을 하며 처마의 길다란 길이는 여름철 하지에는 남중고도(낮 12시 태양의 높이)가 70°가 될 때 집안에 그늘을 만들어 시원하게 하고, 겨울철 동지에는 남중고도 35°가 되어 햇볕을 집안으로 들여 따뜻하게 해 준다. 자연광을 활용한 훌륭한 냉난방 시스템 창호인 셈이다.

(5) 한옥 단열의 해결

 나무와 흙이 빚어져 만들어지는 전통 한옥은 여러 가지 장점에도 불구하고 흙과 나무의 단열성능이 낮은 관계로 겨울철 추위에 약한 한계를 갖고 있다. 이에 대해 최근 들어 기둥에 사용되는 나무는 그대로 사용하되 벽체를 흙이 아닌 단열성능이 높은 자재를 사용하여 겨울에도 따뜻한 한옥을 짓고 있다.

 벽체를 목조주택에서 사용하는 그라스울 또는 우레탄보드 등 좋은 성능의 단열재를 활용하여 벽체와 지붕의 단열 성능을 강화하였다. 그럼에도 불구하고 각각의 코너와 중간 기둥에 사용되는 나무에서 열이 방출되는 열교현상을 막기 위해 추가적인 노력이 필요하다.

(6) 기둥과 보에서의 열손실

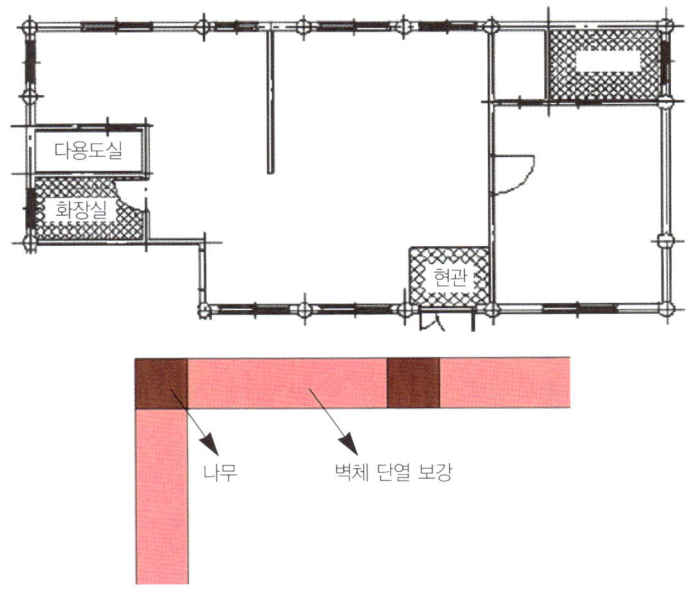

(7) 나무로 인한 단열성능의 저하

한옥 벽체의 단열을 완벽하게 보강한다고 하더라도 한옥의 뼈대를 구성하는 주자재가 나무로 이루어져 있는 이상 나무로 인한 단열 효과의 저하는 피할 수 없다.

나무의 단열성능 저하로 인해 발생되는 열교를 막을 수 있는 효과적인 방법에 대한 연구가 지속적으로 이루어져야 한다.

단열재	열전도율(W/㎡k 20°C)
나무	0.140
그라스울(목조주택)	0.044
경질우레탄보드	0.024

제 3 장

주택 단열재 종류

1. 단열재
2. EPS - 비드법 단열재, 스티로폼, 발포 폴리스티렌
3. XPS - 압출법 단열재, 아이소 핑크
4. 비드법 2종 보온판 - 네오폴, 에너포르
5. 폴리우레탄폼
6. 수성 연질 폼
7. 그라스울
8. 양모 단열재
9. 미네랄 울 / 암면
10. 섬유질 단열재 (셀룰로오스 화이버)
11. 열반사 단열재
12. 에어로젤, 투과형 단열재
13. 진공 단열 패널
14. 정지공기
15. 단열필름

제3장

주택 단열재 종류

1. 단열재

(1) 단열이란

단열이란 물체와 물체 사이에 서로간 열이 통하지 않도록 막거나 열의 이동을 차단하는 것으로 주택에서는 내부의 냉방에너지 또는 난방에너지가 외부로 나가지 않도록 열손실을 방지하기 위한 주택 내부와 외부 공기를 차단 시키는 것을 말한다.

(2) 단열재 종류

⑺ 충진형 단열

건축물에서 일반적으로 사용되는 충진형 단열재는 무기질 재료의 암면, 유리면, 질석, 퍼라이트, 규조토 등이 있으며 열에 강한 반면 흡수성이 크다. 유기질 재료로는 폴리스틸렌, 경질우레탄폼, 발포폴리에틸렌, 우레아폼 등이 있으며 흡수성이 적은 것이 장점인 반면 열에 약하다.

(나) 반사형 단열

반사형 단열재는 보통 알루미늄막(Aluminum foil)이나 알루미늄 판이 주종을 이루고 있으며, 이들의 단열성은 복사열 방지에 특히 유리하다. 반사형 단열재의 특성은 다음과 같다.

㉠ 반사형 단열은 복사 형태로 열 이동이 이루어지는 공기층에 유효하다.
㉡ 반사하는 표면이 다른 재료와 접촉하면 전도열이 발생하여 단열효과가 저하된다.
㉢ 반사 표면의 청결이 요구된다(복사효과).

(다) 용량형 단열

용량형 단열(Capacitive insulation)은 건물외피의 축열용량을 이용한 것으로 건물 외표면에 작용하는 복사열에 의한 온도변화와 건물 내표면에 작용하는 온도변화의 시간지연(Time-lag)을 이용한 것이다. 축열용량은 재료의 질량에 비열을 곱한 것으로 재료의 열적 보유능력을 의미한다.

건물외벽이 콘크리트조, 벽돌조와 같은 중량 구조체는 재료의 축열용량이 크므로 실내 온열환경에 많은 영향을 미친다.

축열용량이 갖는 의미란 축열용량의 유무 및 시간에 의해 열전도의 변동형태가 차이를 나타내므로 최종적인 전체 전열량에는 변화를 주지 않지만, 열전도 상태를 동적으로 지연시켜 실내 공간에서 시간에 따른 온열감각을 오래 지속시킨다는 것이다.

(3) 2013년 9월 1일 부터 시행되는 '건축물의 에너지절약 설계 기준'

정부는 2013년 9월부터 단열재 두께를 120mm 이상, 외벽, 지붕, 창문, 문 등의 단열성능 기준을 최대 30% 강화하는 등 2013년 2월 발표한 '건축물의 에너지절약 설계 기준' 개정안에서 2001년과 비교하여 약 2배의 수치로 강화된 외단열 단열재 시공을 요구하고 있으며, 건축물의 에너지 효율등급에 따라 지방세 감면, 건축기준완화, 조달청 입찰 참가 자격 가점부여 등 지원제도를 지속적으로 확대하여 공공건물 뿐만 아니라 민간건물들의 적극적인 참여를 유도하고 있다.

건축 허가 기준인 '건축물의 에너지성능지표'의 항목 중 외단열시스템에 사용되는 단열재의 단열 성능기준은 두께와 열관류율로 평가하고 있으며 두 기준 중 하나를 통과하면 시공이 가능하다.

(4) 단열재 등급분류(건축물의 에너지절약 설계 기준 [별표2])

단열재의 등급분류는 단열재의 종류와 열전도율의 범위에 다라 분류하며 라등급에서 가등급으로 올라갈수록 단열 성능이 우수하다.

(2013년 4월 국토교통부 고시)

등급 분류	열전도율의 범위		해당 단열재
	W/mk	kcal/mh℃	KS M 3808,3809 및 KS L 9102에 의함
가	0.034이하	0.029이하	- 압출법보온판 특호, 1호, 2호, 3호 - 비드법보온판 2종 1호, 2호, 3호, 4호 - 경질우레탄폼보온판 1종 1호, 2호, 3호 및 2종 1호, 2호, 3호 - 그라스울보온판 48K, 64K, 80K, 96K, 120K - 기타 단열재로서 열전도율이 0.034W/mk (0.029kcal/mh℃) 이하인 경우
나	0.035~0.040	0.030~0.034	- 비드법보온판 1종 1호, 2호, 3호 - 미네랄울보온판 1호, 2호, 3호 - 그라스울보온판 24K, 32K, 40K - 기타 단열재로서 열전도율이 0.035~0.040W/mk (0.030~0.034kcal/mh℃) 이하인 경우
다	0.041~0.046	0.035~0.039	- 비드법보온판 1종 4호 - 기타 단열재로서 열전도율이 0.041~0.046W/mk (0.035~0.039kcal/mh℃) 이하인 경우
라	0.047~0.051	0.040~0.044	- 기타 단열재로서 열전도율이 0.047~0.051W/mk (0.040~0.044kcal/mh℃) 이하인 경우

2. EPS(Extended Polystyrene Sheet)
–비드법 단열재, 스티로폼, 발포 폴리스티렌

(1) 비드법과 압출법의 차이

사용온도 70℃ 이하의 보온, 보냉에 사용하는 폴리스티렌을 발포시켜서 만든 폴리스티렌 보온판 및 보온통에 대한 규정(한국공업규격 발포 폴리스티렌 보온재 KS(M)-3808)에 의해 분류된다.

종류	밀도 kg/㎥	열전도율 [평균온도 23℃] (W/mk)		굴곡강도	압축강도 (n/㎠)	흡수량 (n/㎠)	연소성 (g/100cm)
		비드법 1종	비드법 2종				
1호	30 이상	0.036 이하	0.031 이하	35 이상	16 이상	1.0 이하	연소시간은 120초 이내이며, 연소길이 60mm이하일 것
2호	25 이상	0.037 이하	0.032 이하	30 이상	12 이상		
3호	20 이상	0.040 이하	0.033 이하	22 이상	8 이상		
4호	15 이상	0.043 이하	0.034 이하	15 이상	5 이상	1.5 이하	

(2) 비드법의 제조방법

비드법의 일반적인 제조방법은 구슬 모양의 원료를 미리 가열하여 1차 발포시키고 이것을 적당기간 숙성시킨 후 판모양 또는 통모양의 금형에 채우고 다시 가열하여 2차 발포를 통해 융착, 성형하여 제품을 만든다.

(3) 단열성능

비드법의 단열성능은 보온판 1호가 0.032 이하, 보온판 2호, 3호로 갈수록 단열성능이 떨어진다. 비드법 1종 보온판을 EPS 일명 "스티로폼"이라 부른다.

(4) 숙성기간

비드법 보온판은 제조 후 최소 7주 이상의 숙성기간을 두어야 한다. 일정기간의 숙성을 거치지 않고 바로 사용하는 경우 배부름 휨 현상이 발생한다.

(5) 장점

현장에서 절단 등 가공이 쉬우며 시공방법에 따른 단열성능의 오차가 적다.

(6) 단점

열에 취약하고 화재 시 인체에 해로운 가스를 발생시킬 수 있으므로 내단열재로의 사용은 피해야 한다.

주의사항으로 수분 흡수율이 약 2~4%대로 높으며 수분이 흡수될 경우에는 단열성능이 급격하게 떨어지기 때문에 물과 직접 접촉되는 시공 방법은 피해야 한다. 그러므로 주로 지상층 외벽에 적용 되어야 한다. 그러나 미네랄울보다 함수율이 적으므로 고온다습, 호수주변, 겨울철 일교차가 큰 지역에서 사용가능하다

〈배부름 휨 현상 – 숙성기간 부족〉
〈출처 : 한국패시브건축협회〉

(7) 접착 방법

접착 모르타르 사용 시 단열재의 40% 이상 사방으로 돌아가며 접착제를 붙이고 중간에 몇 군데 더 첨가하여 공기층을 없애야 한다.

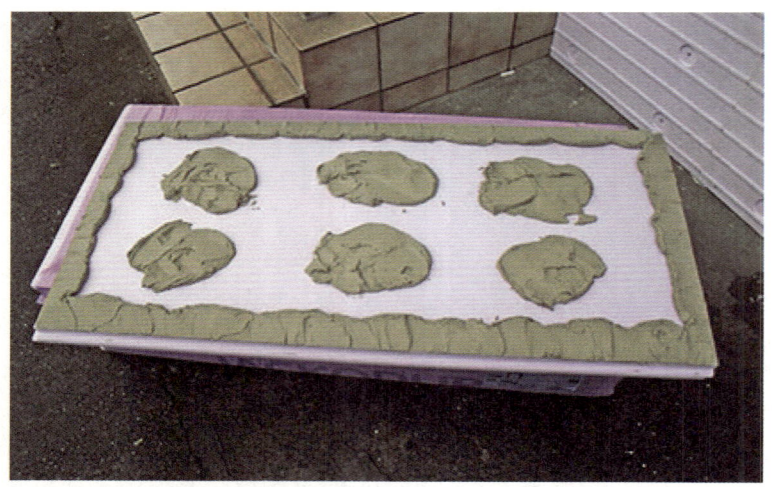

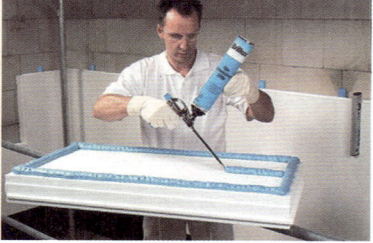

3. XPS(Extruded Polystyrene Sheet) -압출법 단열재, 아이소 핑크

(1) 제조방법

압출법의 일반적인 제조방법은 구슬모양의 원료를 가열, 용융하고 연속적으로 압출, 발포시켜서 제품을 만든다.

제조방법	단 열 판	단 열 통
비드법 1종	1호	1호
	2호	2호
	3호	3호
	4호	-
압출법	특호	-
	1호	-
	2호	-
	3호	-

가) 비드법 1종

비드법 1종은 구슬 모양 원료를 미리 가열하여 1차 발포시키고 이것을 적당한 시간 숙성시킨 후 판 모양 또는 통 모양의 금형에 채우고 다시 가열하여 2차 발포에 의해 융착, 성형한 제품

나) 비드법 2종

비드법 2종은 비드법 1종의 제조방법과 유사하나 첨가제 등에 의하여 개질된 폴리스티렌 원료를 사용하여 발포, 성형한 제품

다) 압출법

압출법은 원료를 가열, 용융하여 연속적으로 압축, 발포시켜 성형한 제품

(2) 높은 단열 성능

동일한 밀도의 비드법 보온판보다 단열 성능이 높으므로 벽체두께를 줄이거나 동일한 두께로 단열효과를 더 높이고자 할 때 외벽 단열에 사용 할 수 있다(통상 1종 보안판에 비해 약 9%정도 단열 성능이 높다).

통상적으로 수분 흡수율이 거의 없기 때문에 직접 물에 닿는 부위에 적용하여도 단열 성능을 보장받을 수 있으므로 지하층 외벽에 적용이 가능하다.

(3) 경시 현상(단열성 저하)

XPS는 시간이 지나면서 경시현상이 발생하여 단열 성능이 떨어진다는 단점이 있다.

4. 비드법 2종 보온판 - 네오폴(Neopor), 에너포르

(1) 제조 방법

비드법 2종 보온판으로(탄소 보강 EPS) 비드 단열재에 그라파이트를 첨가하여 축열능력 및 단열 성능을 높인 제품이다. 흑연 함침공법에 의한 재료를 사용해 복사에 의한 열에너지의 투과를 막아주는 기능을 한다. 기존 단열재보다 15~20% 얇은 두께로 시공이 가능하고 화석연료 사용을 50% 가량 줄여 준다.

XPS(압출법 보온판)을 대체하기 위한 제품으로 XPS와 같이 시간에 따른 경시현상(단열성 저하)이 없다.

(2) 제품 이름

신개념 비드법 2종으로 네오폴, 에너포르, 제로폴 등의 이름은 특정회사 상호명이다.

건축법상 '가' 등급 단열재는 종래의 발포 폴리스틸렌에 흑연을 첨가하여 결정구조상 복사열흡수 개념을 도입, 동일비중의 단열재에 비해 열전도율이 10~20% 향상된 시술제품이다.

열을 흡수하는 흑연을 첨가하여 동일기준의 기존 단열재에 비해 단열 성능이 20% 향상된 고효율 단열재이다. 높은 단열 성능으로 인해 공간적, 경제적 최소화와 보다 향상된 에너지 및 자원 절감 효과를 주는 친환경 제품이며, 독립된 미세한 기포구조로 이루어져 습기, 곰팡이 등으로부터 영향을 받지 않는 웰빙 제품이다.

(3) 열전도율

스티로폼	밀도 (kg/m³)	열전도율 (W/mk)	굽힘강도 (n/cm²)	압축강도 (n/cm²)	흡수량 (g/100cm)	연 소 성
네오폴 1호	30 이상	0.031 이하	35 이상	16 이상	1 이하	3초 내에 불꽃이 꺼져서 찌꺼기가 없고 연소 한계선을 초과하여 연호하지 않을 것
네오폴 2호	25 이상	0.032 이하	30 이상	12 이상		
네오폴 3호	20 이상	0.033 이하	22 이상	8 이상		
네오폴 4호	15 이상	0.034 이하	15 이상	5 이상	1.5 이하	

| 비고 |
상기 물성은 "KS M 3808" 물성을 기준으로 하였음.
스티로폴 특호 및 네오폴(전품목)은 〈건축물의 에너지설계기준〉에 의한 단열재 등급분류에서 "가"군에 속하는 품목(열전도율 0.034W/mk 이하 제품)이다.

5. 폴리우레탄폼(Polyurethane Foam)

(1) 폴리우레탄폼

폴리우레탄폼은 POLYOL와 ISOCYANATE를 주재료로 하여 발포제, 촉매제, 안정제, 난연제 등을 혼합시켜 만든 발포 생성물로, 주로 고성능 단열재로 사용되며 특히 보냉용 단열재로 널리 사용되고 있다.

폼의 겉보기 밀도(bulk density)를 비교적 자유롭게 조절할 수 있으며, 아울러 어느 현장에서나 간단히 발포시킬 수 있다. 사용하는 원료 글리콜의 종류에 따라 폴리에테르폼과 폴리에스터폼으로 나눌 수 있는데, 앞의 것은 유연성이 좋고 뒤의 것은 공업용 폼으로 쓰기에 알맞게 딱딱하다. 따라서 이와 같이 만들어지는 폼은 초연질(超軟質) · 연질 · 반경질(半硬質) · 경질 등의 여러 가지 굳기를 가진다.

(2) 폴리우레탄폼 종류

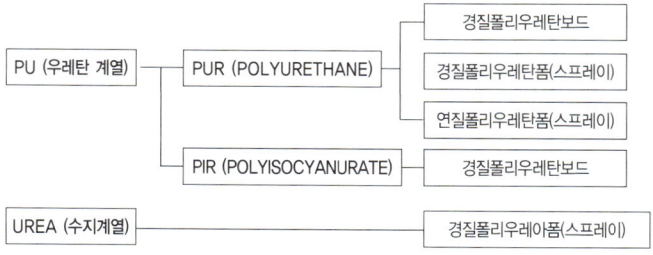

(3) 열전도율

항목 / 제품	결로방지용	저온창고용	냉동창고용	지붕용
열전도율(KCAL / M, MR, ℃)	0.0141	0.0142	0.0141	0.0146

(4) 경질 우레탄보드

열전도율 0.023 W/m²k인 고효율 단열재로 단열재 두께를 대폭 감소시킨다. 이 열전도율을 기준으로 시공하는 경우 〈건축물의 에너지 절약설계기준〉에 제시된 '가' 등급 단열재 두께에 비하여 30~45%의 얇은 두께로 시공할 수 있어서 여러모로 효율적이고 경제적이다.

우선 우리나라의 KS M 3809 경질 폴리우레탄폼 단열재(Thermal Insulation Material Made of Rigid Urethane Foam) 기준을 따르고 있는데 이 기준에서 경질 폴리우레탄폼은 1종과 2종으로 나누어지며, 그 구분은 아래 그림과 같다.

종류			적 요	특장
보온판	1종	1호	폴리이소시아네이트, 폴리올 및 발포제를 주제로 하여 발포 성형한 면재가 없는 판모양의 보온재	고밀도품
		2호		중밀도품
		3호		저밀도품
	2종	1호	폴리이소시아네이트, 폴리올 및 발포제를 주제로 하여 면재 사이에 발포시켜 자기 접착에 의해 샌드위치 모양으로 성형한 면재 부착한 판모양의 보온재	고밀도품
		2호		중밀도품
		3호		저밀도품
보온통		1호	폴리이소시아네이트, 폴리올 발포제를 주제로 하여 발포 성형한 통모양의 보온재. 또한 보온통에서는 길이 방향으로 분할해도 좋다	고밀도품
		2호		중밀도품
		3호		저밀도품

| 비고 |

보온판 2종의 외피에 사용하는 면재는 'KS A 1505'에 규정하는 폴리에틸렌 가공지, 'KS D 9003'에 규정하는 접착 알루미늄 박 또는 이와 동등 이상의 품질인 것을 사용한다.

6. 수성 연질 폼

최근에 개발된 뿜칠형 단열재로 일반 우레탄폼 단열재와 비슷하지만 물을 베이스로 한 단열재이기 때문에 친환경적이다. 열전도율 측면이나 기존 섬유단열재의 문제점인 열교현상을 방지하는 최신공법이나 별도의 기계장치가 필요하고 재료가 고가인 단점을 갖고 있다. 수성 연질폼은 기포구조로서 재료는 1%에 공기가 99%로 이루어진 단열기포 형상 Spray 분사로 100배의 팽창 효과를 지닌다.

난연성 제품으로 화재 시 유해가스가 발생하지 않으며 표면이 매끄러워 접착성이 우수하다.

연질수성발포단열재는 캐나다와 미국 등지에서 일반화 되어 있는 발포 방식의 단열재로서 국내에는 그간 주택시장보다는 일반 대형 건축물에 많이 사용되어 왔다. 그러나 최근 저에너지 주택의 수요와 관심이 점차 증가됨에 따라 일반 주택에도 서서히 적용되고 있다. 스프레이폼형의 단열재는 기존 판상형에 비해 기밀성이 뛰어나고, 글라스울에서 나타나는 처짐현상 등이 없다고 알려져 있다.

또한, 기존의 단열재들이 코너나 모서리를 완벽하게 채우기 어려웠다면 이 제품은 시공 부위의 틈새를 기밀하게 충진할 수 있어 높은 단열 성능을 얻을 수 있다. 또한 발포 특성으로 두께에 구애받지 않고 5

초 이내 양생이 되기 때문에 공사 시간이 절약되고, 동절기나 장마철에도 시공이 가능하다.

스프레이폼은 골조와 덮개에 직접적으로 사용하며 두께는 300㎜ 이상 자유자재로 가능하다. 부풀어 오를 때 압력이 없어, 주변 재질에 영향을 미치지 않는다.

| 열전도율 | 0.034 W/mK | 밀도 |

7. 그라스울(Glass Wool, 유리섬유)

(1) 제조방법

모래, 장석, 석회석 등과 같은 유리 용광물을 창유리, 병유리 등 재활용 유리와 혼합하여 1,500~1,600℃에서 용융한 후 원심 분리 공법으로 5~7.5 크기의 미세 섬유로 만들어 유기질 Binder를 첨가 결합시켜 섬유와 섬유 사이에 미세한 공기층이 형성된 단열재이다.

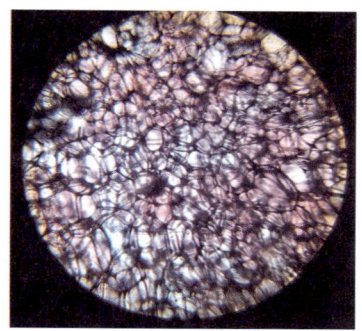

(2) 특징

우수한 단열성능, 경제적 가격, 불연성, 친환경성, 가공용이 및 압축포장이 가능하므로 작업이 편리하고, 내습 및 흡음성능이 우수하다. 특히 화재 위험이 있는 곳에 무기질 제품사용이 필요하여 점차 사용이 확대되고 있다. 수분흡수로 인한 단열성 저하와 압축침하로 인한 유효두께 감소가 우려되는 단점이 있다.

(3) 열전도율

| 열전도율 | 0.035~0.038 W/mK | 밀도 : 24~68 kg/㎥ |

(4) EPS(스티로폼)와 그라스울 두께 비교

압출1호, 두께 50㎜(열전도율 0.028 W/㎡k)를 그라스울로 바꾸려면 그라스울 두께는 얼마가 되어야 하나?

㉠ 압출1호 50㎜, 열전도율 0.028 W/㎡k

⇒ 열관류율을 계산하면 0.028 ÷ 0.05 = 0.56 W/㎡k

⇒ 그라스울은 열관류율 0.56 W/㎡k 보다 작으면 된다.

㉡ 그라스울 24K의 열전도율은 0.035 W/㎡k

⇒ 0.035 ÷ X = 0.56보다 작으면 된다.

⇒ X 값이 0.0625m 즉 62㎝ 이상이면 그라스울 단열재로 대체 가능하다.

(5) 방습지의 역할

그라스울 한쪽 면에 붙어 있는 방습지는 실내 생활습기가 단열재 내부로 침투하는 것을 방지하는 중요한 역할을 한다.

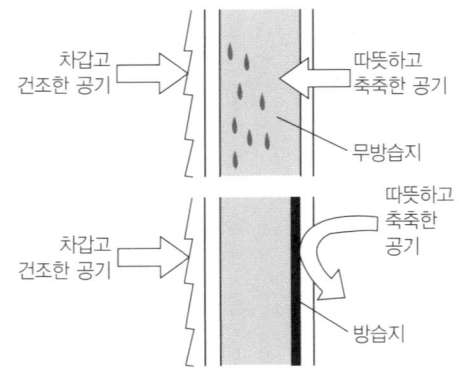

8. 양모 단열재(sheep wool)

(1) 양모란

면양의 털을 양모라 칭하며 다른 동물들의 털과 구별한다. 인류는 양으로부터 우유와 고기는 식용으로, 모피는 방한용 의복으로 털로는 직물을 만들어 유용하게 사용해 왔다.

양모의 보온·단열성은 이미 오래 전부터 인정받아왔지만, 건축 소재로 쓰이기 시작한 지는 20여 년에 불과하다. 뉴질랜드에서 양모 이불의 밀도를 높여 건축물에 적용하는 방식으로 생산되어, 지금은 유럽과 미국까지 확대·보급되었다. 국내에는 5년 전부터 수입되기 시작해, 현재 친환경성을 내세우며 고급주택과 한옥 등으로 사용 범위를 넓히고 있다.

국내 유통되는 래터튜드 제품은 천연성분의 붕소염으로 처리하여 쥐, 곰팡이, 해충 등의 침투를 방지한다고 알려져 있다. 시공 시에도 마스크나 장갑 등 보호장구가 필요 없고 따갑거나 가려움 증세가 없는 것이 특징이다.

(2) 양모의 분류

양의 종류에 따라 부드러움과 광택의 차이가 있는데 크림프(crimp, 가늘고 곱슬거릴 수록 좋다), 굵기, 길이, 탄력, 광택, 빛깔 등으로 품질이 결정된다. 겨울철에는 추운 날씨 때문에 활동량이 줄어들면서 세탁을 귀찮아하는 경우가 많고, 다른 계절보다 땀을 덜 흘려 상대적으로 깨끗할 것이라고 생각하기 쉬운데 겨울철 의류는 따뜻하기 때문에 오히려 세균 번식이 용이하다.

양모는 표피, 피질부, 수질부(털심)로 이루어진다. 표피는 양털을 보호하며 광택, 탄성, 축용성 등과 밀접한 관계가 있으며, 섬유간의 포합성을 크게 하여 방적성을 좋게 한다.

양모는 오스트레일리아, 뉴질랜드, 아르헨티나, 미국, 러시아 등지에서 많이 생산된다. 오스트레일리아산은 메리노종이 대부분으로 품질이 우량한 것이 많고, 양적으로도 세계의 약 1/3을 차지하고 있다. 한국은 양모 수요량을 거의 수입에 의존하고 있다.
- 램스 울(lambs wool) : 태어난 지 6개월 된 새끼 양에서 처음 깍은 양모.
- 버진 울(virgin wool) : 살아있는 건강한 양에서 깍은 양모이다.
- 스킨 울(skin wool) : 도살한 양에서 얻은 양모이다.

(3) 양모의 특성

비중은 견과 비슷하여 가벼운 섬유에 속하며, 강도는 매우 낮고 신도는 크다. 탄성과 레질리언스가 매우 우수하며 구김이 잘 생기지 않는다. 흡습성이 매우 우수하여 정전기 발생이 적은 위생적인 소재이다.

섬유 내부는 물과의 친화성이 크지만, 섬유 외부는 수증기를 통과시키면서 물방울은 튀어 나가는 방수성을 지닌다.

열에 약하여 135℃ 이상에서 장시간 방치하면 분해되기 시작한다. 화재 시 250℃이상의 고온에서 불이 닿는 부분만 응결되는 내화성도 지녔다.

곰팡이에는 비교적 안전하지만, 습기가 많으면 피해가 커지므로 관리에 주의해야 한다. 단백질이므로 해충의 침해를 받기 쉽다.

(4) 양모의 용도 및 단열성능

열전도율이 작고 권축(crimped scroll)에 의해 함기량이 많아 보온성이 우수하여 겨울철 소재로 적합하다. 내복에서부터 스웨터 등 거의 모든 의류용으로 사용되며, 모포와 카페트, 실내장식 등에도 사용된다.

열전도율	0.037 W/mK	밀도 : 28~35 kg/㎥

(5) 양모 경질보드

양모 경질보드 제품도 있다.

9. 미네랄 울 (Mineral Fiber) / 암면 (Rock Wool)

(1) 제조 방법

원료로 현무암, Slag, 안산암의 내열성이 높은 규산칼슘계의 광물을 1,500~1,700℃의 고열로 용융 액화시켜 고속회전 원심분리공법으로 만든 순수 무기질섬유로 인체에 유해한 석면 재질과는 전혀 다른 제품이다.

사용온도 범위가 내열도 650℃로 불연재이며 일반건축, 칸막이, 내화벽, 기타 산업용으로 널리 쓰인다.

(2) 암면 단열재의 종류

ⓐ 암면 - 섬유화한 제품
ⓑ 보온판 - 암면에 접착제를 사용하여 판모양으로 성형한 것으로 필요에 따라 적당한 외피를 붙이거나 표면을 피복

ⓒ 펠트 – 암면에 접착제를 사용하여 탄력있는 피복으로 성형한 것

ⓓ 보온통 – 암면에 접착제를 사용하여 원통 모양으로 성형한 것

ⓔ 보온대 – 층 모양의 암면 또는 보온판을 일정한 너비로 끊어 이를 세로로 놓고 인장강도 20 N/m의 종이 또는 천을 한면에 붙여 마무리 한 것

ⓕ 블랭킷 – 층 모양의 암면 또는 보온판을 철망 또는 메탈라스 등의 외피로 보강하여 성형한 것

(3) 사용상 주의 및 단열성능

내단열재로 사용 할 시는 습기를 조절하는 능력이 떨어져 시간이 지나면서 곰팡이의 서식지가 될 수 있으므로 보통 방습 Foil을 추가로 사용하며, 시공 시 전기배선 등의 틈이 생겨 습기가 유입되지 않도록 철저한 차단이 필요하다.

대부분의 아파트에서 지하실 냄새의 원인이 되고 있으며, 겨울철 습기가 여름철 냉방으로 인해 증발하지 못하고 더욱 심하게 될 수 있어서 사용에 주의를 필요로 한다.

Glass wool이나 미네랄 울의 방습능력을 보충하는 자재를 추가 사용하기도 한다.

열전도율	0.037~0.038 W/mK	밀도 : 40~300 kg/m³

(4) 에코민 시스템(독일산)

미네랄울에어로(Mineral Wool Aero)는 습기를 밖으로 배출하는 성능이 매우 뛰어난 단열재이다. 따라서 제조 과정 중에 생기는 ALC 블럭 내부의 높은 습기를 밖으로 쉽게 배출할 수 있다. 간혹 ALC 외벽에 스티로폼(EPS)으로 단열 보강하는 경우가 있는데, 이는 ALC블럭 내부의 습기를 배출할 수 없게 만들어 결국 결로와 곰팡이 문제로 이어지게 된다.

미네랄울에어로(Mineral Wool Aero)는 ALC와 마찬가지로 완전불연재이다. 화재에 강하고 발화되지 않으며, 유독가스도 발생되지 않는다. 스티로폼의 경우 화재에 완전 무방비한 자재여서 함께 사용하는 것이 권장되지 않는다.

또한 미네랄울에어로(Mineral Wool Aero)는 발수성능이 매우 탁월하여 공사 중 비를 맞아도 절대 흡수되지 않고 단열성능의 변화가 없다. 더욱이 외벽 전체를 감싸 단열재로 보강하는 에코민(ecomin) 시스템은 열교현상을 완벽히 차단하여 주택의 모서리 부분과 창문 주변에 쉽게 생기는 결로 현상을 완벽히 차단할 수 있다.

10. 섬유질 단열재 (셀룰로오스 화이버)

(1) 종이 재활용 단열재

폐지와 전분, 수지를 혼합하여 수증기로 발포, 압출 성형한 발포 단열재이다. 종이를 재활용한 단열재로, 종이의 섬유질이 형성하는 공극이 공기층을 만들어 조습 성능이 뛰어나고 빈틈없이 시공할 수 있어 유럽에서는 목조주택에 일반화된 단열재로 알려져 있다. 국내에서는 지난해부터 고단열 주택 위주로 서서히 적용을 시작했다.

(2) 특징

열이나 소리를 거의 전달하지 않으며, 또 목질섬유 특유의 흡·방습성에 의해 적당한 습도를 유지하는 작용이 있다. 1940년에 미국에서 생산하기 시작했으며, 70년대 오일 쇼크 시 주택의 천장 블로우잉용 단열재로서 생산이 증가하는 등 구미에서 수요가 급속히 확대되었다. 천연 소재라는 점, 리사이클 제품이라는 점, 제조 시 고온의 에너지를 사용하지 않는다는 점(省에너지), 단열효과가 크다는 점 등이 큰 특징으로 최근의 고기밀·고단열 주택에 대한 요구가 상승함에 따라 각광받는 재료가 되고 있다.

천연 목질 섬유인 셀룰로오스는 주위의 환경으로부터 수분을 흡수하고 방출하며 상대습도의 변화에 따라 조습작용을 한다. 실내의 습도를 쾌적하게 유지할 뿐만 아니라, 흡수한 수분을 빠르게 셀룰로오스 전체 공간으로 확산시키기 때문에 결로 방지 효과도 우수한 것으로 알려져 있다.

특히, 흡음 성능이 탁월해 외부 경적 등의 소음을 차단하고, 다른 방에서 들려오는 피아노나 TV소리도 막는 기능이 있어 조용한 공간을 만들고자 하는 이들에게 적합하다.

(3) 시공 및 단열성능

셀룰로오스는 단열재가 들어갈 공간에 뿜질을 통해 채워진다. 때문에 시공자의 실력과 시공 장비가 품질을 좌우한다고 볼 수 있다. 해외에는 셀룰로오스 뿜질 전용 펌프가 있다고 하나 국내에는 아직 도입 전이라 시공자의 실력과 경험, 꼼꼼함이 품질을 결정짓는 것으로 보인다.

열전도율	0.034~0.036 W/mK	밀도 : 20~30 kg/㎥

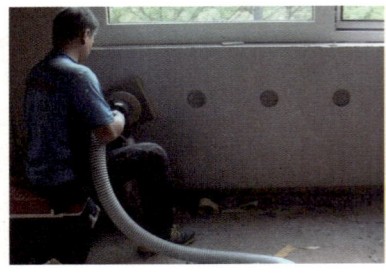

11. 열반사 단열재

(1) 복사열 차단 효과

열에너지 전달에는 복사 75%, 대류 15%, 전도 10 % 의 구성비율로 전달되는데 열반사 단열재는 주로 복사열을 막는 용도로 개발 되었다. 최근에는 다른 재질의 단열재를 추가하여 다양한 복합 기능을 지닌 제품이 출시되고 있다. 복사열의 구성비가 크므로 그만큼 기대효과도 크다.

5~6mm의 폴리에틸렌 (PE) 발포 수지 위에 알루미늄박이 붙어있는 형태의 제품으로 은박지(금속박피 – 고순도 알루미늄 필름)가 열을 반사하는 성질을 이용한 것이다.

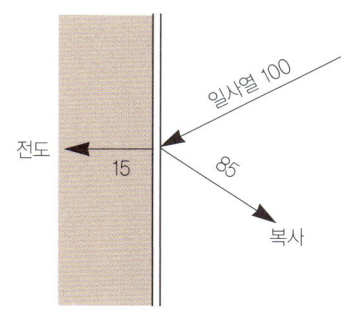

열반사 단열재는 첨단우주공학에서 개발된 것으로서 우주비행선이 300도가 넘는 고온의 복사열에서 우주선을 보호하기위해 복사열이 97%이상 차단되는 열반사 단열재를 개발한 것이고 효과도 입증되었으나, 열전도 물질이 전혀 존재하지 않는 우주공간에서는 열이 이동하는 방법이 복사열뿐이기 때문에 우주공간에서는 단열재가 불필요하고 오히려 복사열을 반사시키는 단열재가 더 효율적이다.

(2) 반사공간의 확보

콘크리트건물 외벽에 반사형 단열재만 딸랑 시공하는 경우를 주변에서 쉽게 보게 되는데, 복사열을 차단하려는 목적의 열반사단열재는 단열재표면과 외장재사이에 복사열을 배출하기 위한 환기공간이 필요하며 환기를 위한 반사공간은 1인치(25mm) 이상이 되어야 한다.

벽체를 예로 들면, 벽체의 바깥쪽 면과 안쪽 표면까지는 전도, 대류, 복사 3가지의 복합적인 방법으로 열이 이동하게 되는데 완전히 접합되어있는 각 재료들 간에는 전도를 통하여 열이 전달되게 된다. 벽체 중간에 중공층(공기층)이 있는 경우에는 전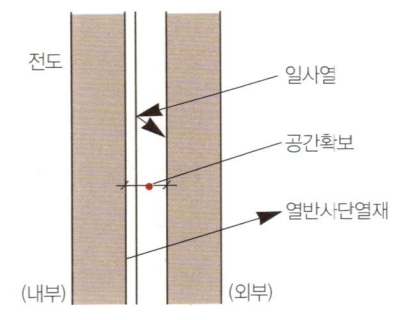도보다는 대류와 복사에 의해 열전달이 이루어지게 되는데 이때 반사율이 높은 알루미늄과 같은 재료가 있게 되면 복사로 인한 열전달이 차단될 수 있다.

(3) 습식 난방에서의 열반사단열재

바닥 습식 난방 공사에서 슬라브와 온돌사이에 열반사단열재를 넣는 경우도 피해야 한다. 이는 5mm 스폰지를 넣은 것과 같을 뿐이다. 왜냐하면 은박 표면으로 반사된 열이 빠져나갈 통로가 없기 때문에 모든 열이 은박을 통한 전도열로 변하기 때문이다(참고로 은박은 금속으로 열을 잘 통하게 하는 전도체이다). 또한 열반사단열재는 여타의 부피단열재처럼 여러 겹을 겹쳐 사용해도 그 효과가 배가 되는 것이 아니다.

현재 시행되고 있는 건축물의 단열 법규 기준상에도 중공층의 경우 반사형 단열재가 설치된 경우 1.5배의 단열성능을 적용하여 계산하도록 이 부분이 반영되어 있다.

(4) 표면 오염방지
금속판의 오염은 반사효율을 떨어뜨려 열반사단열재 고유의 단열효과를 급속히 감소시킨다.

〈출처 : 한국패시브건축협회〉

12. 에어로젤 (Aerogel), 투과형 단열재

에어로젤은 공기(air)가 가득차 있는 다공성 젤(gel) 소재이며, 주성분이 실리카 등으로 이루어진 무기계와 고분자 사슬로 이어진 유기계로 구분된다.

공기가 98%를 차지하고 있어 밀도는 공기밀도(0.001 g/㎤)에 비해 3배인 0.003g/㎤에 불과 하여 우수한 단열성을 갖고 있다.

분말형태의 에어로젤이 충진된 투광성 창호는 기존 복층창호에 비해 2배 가까운 단열성능을 보유하고 있으며 다양한 형태의 실리카 에어로젤이 개발되어, 우주항공 및 국방 분야에서의 특수용도에서부터 단열 패널이나 단열시스템에 이르기까지 상용화되고 있다.

열전도율이 0.011~0.015 W/mK 정도의 초저열 전도성 소재로 건물부분에서 고효율 단열재가 필요할 경우 적은 두께로도 우수한 단열성을 발휘 할 수 있어 각광받고 있다. 그러나 생산단가가 너무 높으므로 유연한 Blenket 타입의 단열재로 가공하여 접합부 등 특수부위의 열교차단재로 적용하는 것이 가장 현실적이다.

열전도율	0.011~0.015 W/mK	초저열 전도성 소재

에어로젤은 1,100℃의 온도에도 타지 않는다. 다른 단열재들이 보온과 보냉의 구별을 두는 것과 달리 에어로젤은 -200℃~650℃ 범

 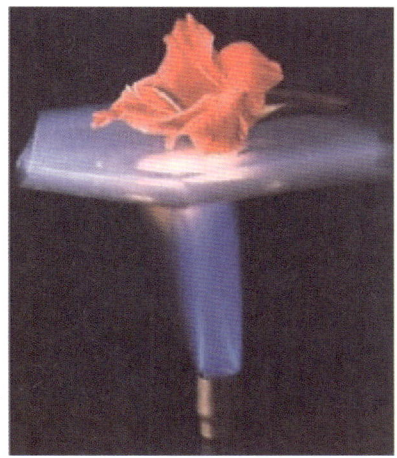

위에서 사용이 가능하며 발수성을 갖고 있기 때문에 거의 반영구적인 단열재로 사용 가능하다.

13. 진공 단열 패널 (Vacuum Insulation Panel)

주로 고급 냉장고, 보온용기 등의 단열패널로 사용되던 것을 내구성과 시공성을 강화하여 고효율 건축용 단열재로 용도를 확대한 단열재이다. 불투명 실리카 코어백 안에 심재로서 건식 실리카 파우더나 글래스울 등의 재료가 들어가고 알루미늄 소재의 다층필름 외피재가 코어백을 감싸는 형태로 개발되었다.

열전도율	0.002~0.003 W/mK	내구성 10~30년

■ 진공 단열재(Vacuum Insulation Panel, VIP)
기밀성을 갖는 봉지재에 심재(芯材)를 넣고 내부를 진공상태로 처리한 단열성능이 우수한 단열재(기존 대비 단열성능이 5~10배 이상 우수)

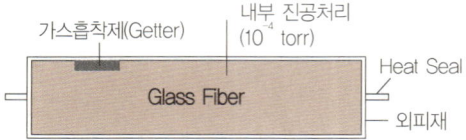

■ 진공 단열재 열전도율(상세 내용 이후 참조)
- Polyurethane : 0.02W/mk
- 무기섬유/EPS : 0.035~0.045W/mk
- **진공 단열재 : 0.003~0.005W/mk**

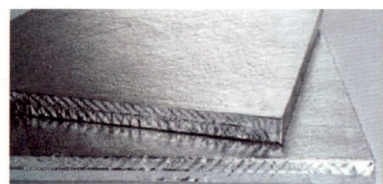

14. 정지공기

(1) 최고의 단열재 정지공기

단열의 효과가 가장 높은 재료는 정지된 공기로 상온 20℃에서 0.026 W/m²k의 열전도율로 어떤 단열재보다 우수한 단열성능을 갖는다. 공기의 비열이 다른 건축재료에 비해 현저히 낮은 점을 이용하여 구조체의 열저항을 높여주는 방법이다. 공기층의 열저항은 전도, 복사, 대류에 의한 열전달에 의해 형성되는데 공기층이 기밀화되어 있을 때 단열효과가 크지만 구조체의 균열 및 틈새로 기밀성이 떨어지면 단열효과는 급격하게 떨어진다.

| 열전도율 | 0.026 W/mK | 상온 20℃ |

(2) 공기층의 두께

정지공기의 단열 성능을 활용한 대표적인 단열재가 창호와 포장재로 사용되는 일명 '뽁뽁이'다.

시스템 창호의 기본원리는 두 개의 유리 사이에 습기가 없는 정지공기층을 형성하고 이를 단열층으로 사용한 것으로 이 때 공기층의 두께는 대류현상이 발

〈알뜰이 창문바람막이(지퍼형)〉

생하지 않는 최대한의 두께로 정하게 된다.

　대류현상이 발생하지 않는 공기층의 두께는 11mm~18mm 이며 이 두께를 넘어서게 되면 대류현상이 발생하여 단열성능이 현저히 떨어진다. 최근 시스템창호의 정지공기층 두께는 통상 11mm로 정해진다.

　참고로 환기를 위한 공기층의 두께는 최소 1인치(25mm) 이다.

■ 고급 단열에어캡 (유리창용 4mm)

3겹 공기층의 효과
3겹의 공기층이 창유리의 열전도를
감소시켜 에너지 효율을 높여 준다.
결로현상이 발생하지 않아 곰팡이가 생기지 않는다.

에어캡 두께 4mm

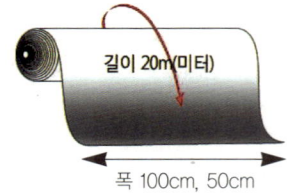
길이 20m(미터)
폭 100cm, 50cm

롤 단위 포장
20m 길이에 100cm, 50cm 두 가지 폭
을 선택할 수 있다.

일반 포장용 에어캡 : 공기층을 잡아두지
못하고 그대로 방출해 냉기가 스며든다.

단열에어캡 : 양면 2중코팅으로 공기
층이 생겨 온기를 잡아준다.
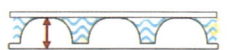

에어캡 내부 공기층에서 일어나는 대류현상으로 보온효과를 높인다.

두께 4mm

4mm 단열에어캡은 일반적인 에어캡보다 더
우수한 보온효과를 가지고 있다.
포장용 에어캡보다 두꺼운 필름으로 2중코팅되
어 에어캡 파손이 적다.

15. 단열필름

(1) 냉방에너지 절감 효과

단열필름은 여름에는 태양으로부터의 열을 차단하여 실내 온도가 상승하는 것을 막아주고 겨울에는 실내 난방에너지가 외부로 나가는 것을 막아 난방에너지 효율을 높여주는 것을 목적으로 투명한 창호에 부착되는 필름을 말한다. 승용차 유리 선팅에 주로 사용된다.

(2) 단열필름 시공

단열필름을 유리 바깥에 시공할 경우 외부의 비바람으로 인한 필름의 오염에 대한 청소 등 유지관리가 불편하고, 유리 내부에 시공할 경우 태양빛으로 인한 일사가 반사되면서 유리 자체의 온도가 상승하여 오래된 집이나 오래된 유리(특히 복층유리)에 단열필름을 시공할 경우 유리가 뜨거워져서 팽창될 가능성도 있다.

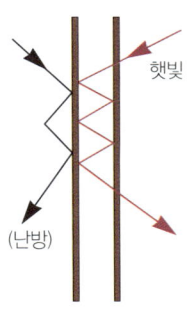

(3) 겨울철 온실효과

겨울철에는 태양으로부터 오는 일사열을 단열필름이 차단시켜 따뜻한 햇빛을 차단시키는 역효과가 발생하여 실제 난방비의 절약에는 전혀 도움이 되지 않는다.

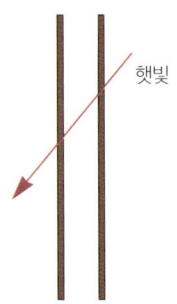

실제 단열이 잘 되어 있는 집에서는 창문을 닫고 햇빛을 실내로 받아들이는 것이 난방 에너지를 줄이는 효과(온실효과)가 있다. 이때 커다란 거실 창문이 온실 유리의 역할을 해준다.

(4) 냉방효과와 난방효과

일반 가정집에서는 냉방보다는 난방효과가 중요하고 회사 사무실의 경우에는 난방보다는 냉방에너지를 훨씬 더 많이 사용한다. 따라서 난방에너지를 더 많이 사용하는 주택에서는 단열필름에 관한 한 에너지 절감 효과를 보기 힘들다.

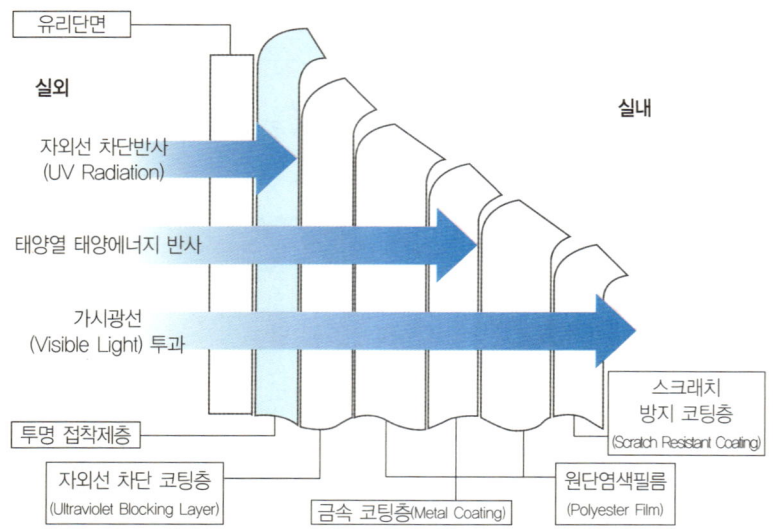

■ 열차단필름(열차단률 40%)

(5) 스프레이 단열필름

 단열필름을 액상화한 것으로 마이크로 단위의 초미세막이 형성되어 외부 냉기를 차단해 준다. 일본회사가 액상원료를 만들고 국내 회사가 희석하여 제품을 생산한다.

 도포 후 2개월의 효과를 보기 때문에 매년 도포해 줘야 한다.

 400㎖ ⇒ 23,800원 - 시공면적 : 50㎡

제 4 장

주택 단열

1. 단열 기준
2. 동결심도
3. 건물 부위별 단열계획
4. 기밀 시공
5. 환기 – 열회수 교환
6. 이중벽체 – Rain Screen
7. 이중지붕 – 다락, 오픈거실

제4장

주택 단열

1. 단열기준

(1) 지역별 건축물 부위의 열관류율표

2013년 9월 기준으로 새롭게 강화된 "건축물의 에너지 절약 설계 기준"에서 [별표1] 지역별 건축물 부위의 열관류율표.

(기존 : 2012.02.23 → 변경 : 2012.11.30)

건축물의 부위			중부지역		남부지역		제주도	
			기존	변경	기존	변경	기존	변경
거실의 외벽	외기에 직접 면하는 경우		0.36	0.270	0.45	0.34	0.58	0.440
	외기에 간접 면하는 경우		0.49	0.370	0.63	0.48	0.85	0.640
최상층의 거실 바닥 또는 지붕	외기에 직접 면하는 경우		0.2	0.180	0.24	0.22	0.29	0.280
	외기에 간접 면하는 경우		0.29	0.260	0.34	0.31	0.41	0.400
최하층에 있는 거실의 바닥	외기에 직접 면하는 경우	바닥난방인 경우	0.3	0.230	0.35	0.28	0.35	0.330
		바닥난방이 아닌 경우	0.41	0.290	0.41	0.29	0.41	0.290
	외기에 간접 면하는 경우	바닥난방인 경우	0.43	0.350	0.5	0.4	0.5	0.470
		바닥난방이 아닌 경우	0.58	0.410	0.58	0.41	0.58	0.410
공동주택의 측면			0.27	-	0.36	-	0.45	-
공동주택의 층간바닥	바닥난방인 경우		0.81	0.810	0.81	0.810	0.81	0.810
	그밖의 경우		1.16		1.16		1.16	
창 및 문	외기에 직접 면하는 경우	공동주택	2.1	1.500	2.4	1.800	3.1	2.600
		공동주택 외	2.4	2.100	2.7	2.400	3.4	3.000
	외기에 간접 면하는 경우	공동주택	2.8	2.200	3.1	2.500	3.7	3.300
		공동주택 외	3.2	2.600	3.7	3.100	4.3	3.800

(2) 단열재의 두께

2013년 9월 기준으로 새롭게 강화된 "건축물의 에너지 절약 설계 기준"에서 별표3 단열재의 두께로 각각의 등급에서 지켜져야 할 두께이다.

■ 중부지역 (단위 : mm)

건축물의 부위	단열재의 등급		단열재 등급별 허용 두께			
			가	나	다	라
거실의 외벽	외기에 직접 면하는 경우		120	140	160	175
	외기에 간접 면하는 경우		80	95	110	120
최하층에 있는 거실의 바닥	외기에 직접 면하는 경우	바닥난방인 경우	140	165	190	210
		바닥난방이 아닌 경우	110	130	150	165
	외기에 간접 면하는 경우	바닥난방인 경우	85	100	115	130
		바닥난방이 아닌 경우	70	85	95	110
최상층에 있는 거실의 반자 또는 지붕	외기에 직접 면하는 경우		180	215	245	270
	외기에 간접 면하는 경우		120	145	165	180
바닥난방인 층간바닥			30	35	45	50

■ 남부지역 (단위 : mm)

건축물의 부위	단열재의 등급		단열재 등급별 허용 두께			
			가	나	다	라
거실의 외벽	외기에 직접 면하는 경우		90	110	125	135
	외기에 간접 면하는 경우		60	70	80	90
최하층에 있는 거실의 바닥	외기에 직접 면하는 경우	바닥난방인 경우	115	135	155	170
		바닥난방이 아닌 경우	95	115	130	145
	외기에 간접 면하는 경우	바닥난방인 경우	80	90	105	115
		바닥난방이 아닌 경우	60	70	85	90
최상층에 있는 거실의 반자 또는 지붕	외기에 직접 면하는 경우		145	175	200	220
	외기에 간접 면하는 경우		100	120	135	150
바닥난방인 층간바닥			30	35	45	50

■ 제주도
(단위 : mm)

건축물의 부위	단열재의 등급		단열재 등급별 허용 두께			
			가	나	다	라
거실의 외벽	외기에 직접 면하는 경우		70	80	95	105
	외기에 간접 면하는 경우		45	50	55	65
최하층에 있는 거실의 바닥	외기에 직접 면하는 경우	바닥난방인 경우	95	115	130	145
		바닥난방이 아닌 경우	80	95	110	120
	외기에 간접 면하는 경우	바닥난방인 경우	80	90	105	115
		바닥난방이 아닌 경우	50	60	70	75
최상층에 있는 거실의 반자 또는 지붕	외기에 직접 면하는 경우		115	135	155	170
	외기에 간접 면하는 경우		75	90	105	115
바닥난방인 층간바닥			30	35	45	50

(3) 2013년 9월 이전 단열 기준과 비교(중부지역 기준)

거실 외벽의 경우 외기에 직접 접촉하는 부분에서 '가' 등급이 85㎜ ⇒ 120㎜로 두께가 상당히 증가되었음을 알 수 있다.

〈단열재 등급별 허용 두께(중부지역 기준)〉
(단위 : mm)

건축물의 부위	단열재의 등급		2011년 2월 1일 시행				2013년 9월 1일 시행			
			가	나	다	라	가	나	다	라
거실의 외벽	외기에 직접 면하는 경우		85	100	115	130	120	140	160	175
	외기에 간접 면하는 경우		60	70	80	90	80	95	110	120
최하층에 있는 거실 바닥	외기에 직접 면하는 경우	바닥난방인 경우	105	125	140	160	140	165	190	210
		바닥난방이 아닌 경우	75	90	100	115	110	130	150	165
	외기에 간접 면하는 경우	바닥난방인 경우	70	80	90	105	85	100	115	130
		바닥난방이 아닌 경우	50	55	65	70	70	85	95	110
최상층에 있는 거실의 반자 또는 지붕	외기에 직접 면하는 경우		160	190	215	245	180	215	245	270
	외기에 간접 면하는 경우		105	125	145	160	120	145	165	180
바닥난방인 층간바닥			30	35	45	50	30	35	45	50

(4) 단열재 열전도율

재 료		열전도율 (W/mk, at 20℃)	밀도 (kg/m³)	투습저항계수 (최소/최대)	열용량 (J/kg/k)	근거
목재	MDF(경량)	0.09	500	11	1700	DIN
	MDF(보통)	0.13	750	50	1700	DIN
	OSB(외부용)	0.13	650	200/300	1700	DIN
	합판마루	0.13	500	30/80	1600	DIN
	칩보드(Chipboard)	0.14	650	15/50	1800	DIN
	방수석고보드	0.24	700~800			ETC
	합판	0.15	400~650			ETC
	텍스	0.2	-			ETC
	목재(경량)	0.14	400			KS
	목재(보통량)	0.17	500			KS
	목재(중량)	0.19	600			KS
	너도밤나무	0.16	720	50/200	2100	DIN
	더글라스 전나무	0.12	530	20/50	1600	DIN
	낙엽송	0.13	460	20/50	1600	DIN
	오크	0.18	690	50/200	2400	DIN
	소나무	0.13	520	20/50	1600	DIN
	가문비나무	0.13	450	20/50	1600	DIN
벽돌 / 타일	시멘트벽돌	0.6	1700			KS
	내화벽돌	0.99	1700~2000			KS
	붉은벽돌	0.96	2000	50/100	1000	DIN
	타일	1.3	-			KS
	콘크리트블록(경량)	0.70(현장조건:1:1)	870			KS
	콘크리트블록(중량)	1.00(현장조건:1,25)	1500			KS
	시멘트블록	0.35	650	5/10	900	DIN
	점토벽돌 700	0.21	700	5/10	1200	DIN
	점토벽돌 1200	0.47	1200	5/10	1200	DIN
	점토벽돌 1500	0.66	1500	5/10	1200	DIN
	점토벽돌 1800	0.91	1800	5/10	1200	DIN
	자기질타일	1.8	-			-
	세라믹타일	1.2	2000	150/300	840	DIN
	짚점토벽돌(700)	0.21	700	5/10	1200	DIN
	짚점토벽돌(1200)	0.47	1200	5/10	1200	DIN
	짚점토벽돌(1800)	0.91	1800	5/10	1200	DIN
	ALC 350	0.09	350	5/10	1000	DIN
	ALC 400	0.1	400	5/10	1000	DIN
	ALC 500	0.12	500	5/10	1000	DIN

재 료		열전도율 (W/mk, at 20℃)	밀도 (kg/㎥)	투습저항계수 (최소/최대)	열용량 (J/kg/k)	근거
경질우레탄폼보온판1종	1호	0.024 이하	45			KS
	2호	0.024 이하	35			KS
	3호	0.026 이하	25			KS
경질우레탄폼보온판2종	1호	0.023 이하	45			KS
	2호	0.023 이하	35			KS
	3호	0.028 이하	25			KS
미네랄울(암면)	펠트	0.038 이하	40~70			KS
	1호	0.037 이하	71~100			KS
	2호	0.036 이하	101~160			KS
	3호	0.038 이하	161~300			KS
	미네랄울	0.036	20	1	850	DIN
	락울	0.036	100	1/2	900	DIN
미네랄보드	-	0.045	115	3	1300	DIN
글라스울	64K	0.035 이하	64			KS
	48K	0.036 이하	48			KS
	32K	0.037 이하	32			KS
	24K	0.038 이하	24			KS
	20K	0.04	20	1/2	830	DIN
무기섬유(암면) 뿜칠개	습식, 반습식	0.042 이하	-			KS
페놀폼		0.022	40	35	1000	DIN
종이단열재(셀룰로즈)		0.04	60	1/2	1600	DIN
발포유리단열재	판형	0.04	120	불투과	840	DIN
점토코팅발포유리	자갈형	0.09	300	5/10	1000	DIN
에어로겔		0.021	90	2/3	-	DIN
진공단열재		0.007	205	불투과	900	DIN
양모		0.037	28~35	1	1630	DIN
스트로베일(갈대)		0.06	100	2	2100	DIN
삼베단열재		0.04	36	1/2	1600	DIN
퍼라이트		0.05	90	5	1000	DIN
규산칼슘보드		0.06	220	3/6	-	DIN
코르크		0.05	160	5/10	1800	DIN
목섬유단열재(연질)		0.04	55	5	2100	DIN
목섬유단열재(경질)		0.045	160	3/5	2100	DIN

| 비고 |

상기 열전도수치는 일반적으로 알려진 수치이며, 각 재료의 정확한 열전도율은 각 제품 공급사의 시험성적서를 확인할 것

2. 동결심도

(1) 동결심도란

동결심도란 겨울철 외기 온도에 따라 땅에 동결작용이 발생하는 깊이를 말하는데 기초 지반은 겨울철 얼어붙어 있던 땅이 봄철이 되어 융해될 때 약해지면서 지반이 침하되고 이 때 상부 구조물에 하자가 발생하게 된다. 대기의 온도가 영하로 내려가면 지표면의 물이 얼기 시작하고, 땅이 얼어서 지표면이 부풀어 오르는 현상을 동결작용이라고 한다. 이 동결작용은 흙 속 물의 이동과 관계가 있기 때문에 모래 또는 자갈같이 입자가 큰 흙에서는 일어나지 않고 실트와 같은 비교적 입자가 작은 토사에서 쉽게 일어난다.

원래 동결심도는 도로 공사에서 도로의 균열 및 침하를 방지하기 위해 도입되어진 개념인데 어찌하다 주택 현장에서 불문율로 지켜지게 되었는지 알 수 없으나 실제 국내 규정을 살펴보면 1986년 구조물 기초설계기준에 있던 동결심도 내용(동결깊이 계산식)도 2008년 개정판에서 삭제된 사실이 있고, 건축구조기준(개정 2009.12.29.) 0803.2.4. 기초(4) 규정에 의하면 "기초 밑면은 함수량의 변화 및 동결의 우려가 없는 위치로 한다"고 되어 있다.

동결심도에 대한 여러 논란이 있을 수 있겠으나 주택에서는 건축물 자체가 보온 역할을 한다는 사실과 국제 기준인 IR Code에서의

FPSF(동결을 방지하는 기초 깊이)를 이해하고 국내 동결심도 기준인 1980년 건설부 도로 조사단에서 작성된 표를 근거로 하고 가장 최근 자료인 2003년 한국도로공사 도로교통기술원에서 작성된 동결지수 현황표를 기준으로 동결심도를 설명하려고 한다.

(2) FPSF란
(Frost Protected Shallow Foundation, 동결방지 기초깊이)

건축물은 대지 조건에 따른 동결깊이가 다르다. 말하자면 숲이나 눈 또는 나뭇잎으로 덮인 흙이나 건축물 등에서는 동결심도가 극히 낮아지고 도로 등의 상부에 아무것도 없는 곳에서는 동결심도가 깊어진다. 이런 여러 가지 경우를 고려하여 동결을 방지하는 기초 깊이를 정하는 것을 말한다.

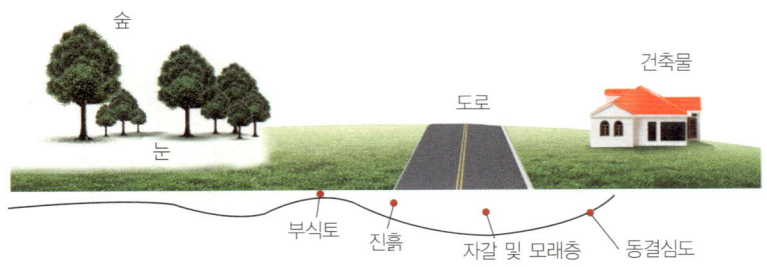

(3) 2003년 전국 동결지수(최근 자료)

한국도로공사 도로교통기술원에서 2003년에 작성된 전국 동결지수 표에서 동결지수(℃·일)는 영하 이하인 온도가 아니라 영하 이하로 유지된 시간을 말한다. 즉 기온이 영하 이하로 떨어진 모든 시간의 합을 말한다.

〈전국 동결지수 및 동결기간 현황 – 2003년〉

지 역	측후소 지반고(m)	동결지수 (℃일)	동결기간 (일)	지 역	측후소 지반고(m)	동결지수 (℃일)	동결기간 (일)
속초	17.6	182.6	66	합천	32.1	193.0	62
대관령	842.0	873.8	127	거창	224.9	278.2	74
춘천	74.0	539.0	92	영천	91.3	237.8	64
강릉	76.0	167.2	57	구미	45.5	278.1	76
서울	85.5	380.9	80	의성	73.0	425.2	78
인천	68.9	354.7	78	영덕	40.5	138.8	57
원주	149.8	613.0	94	문경	172.1	279.4	55
울릉도	221.1	129.3	32	영주	208.0	417.8	77
수원	36.9	468.4	79	성산포	17.5	–	–
충주	69.4	528.4	89	고흥	60.0	83.5	49
서산	26.4	313.2	76	해남	22.1	102.6	49
울진	49.5	121.6	57	장흥	43.0	130.1	52
청주	59.0	411.6	78	순천	74.0	179.9	64
대전	67.2	317.7	68	남원	89.6	272.4	67
추풍령	245.9	303.9	78	정읍	40.5	223.9	61
포항	2.5	98.5	52	임실	244.0	420.3	86
군산	26.3	194.9	61	부안	7.0	244.7	61
대구	57.8	160.9	54	금산	170.7	372.5	77
전주	51.2	233.5	61	부여	16.0	330.0	74
울산	31.5	83.6	46	보령	15.1	254.8	76
광주	73.9	141.4	55	천안	24.5	405.4	78
부산	69.2	49.6	27	보은	170.0	461.7	76
통영	25.0	37.4	27	제천	264.4	610.7	91
목포	36.5	75.6	33	홍천	141.0	635.4	89
여수	67.0	62.2	31	인제	199.7	614.5	91
완도	37.5	38.1	26	이천	68.5	511.0	89
제주	22.0	4.1	3	양평	49.0	619.7	91
남해	49.8	148.9	38	강화	46.4	486.2	89
거제	41.5	52.1	39	진주	21.5	132.8	51
산청	141.8	141.8	49	서귀포	51.9	–	–
밀양	12.5	180.2	62	철원	154.9	685.0	109

〈 출처 : 한국패시브건축협회 〉

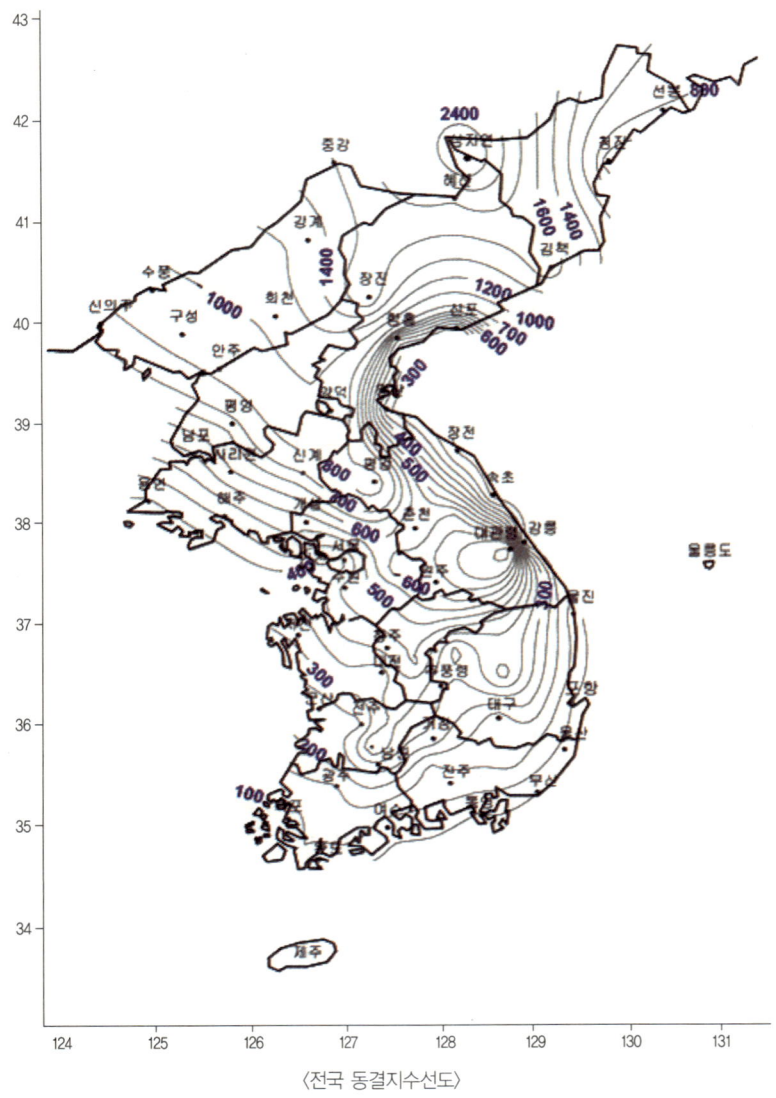

〈전국 동결지수선도〉

〈 출처 : 한국패시브건축협회 〉

(4) 국제 기준의 기초 깊이

국제 기준인 IRC(International Residential Code)에서 설명하는 동결을 방지하는 기초 깊이에 대한 기준을 말한다.

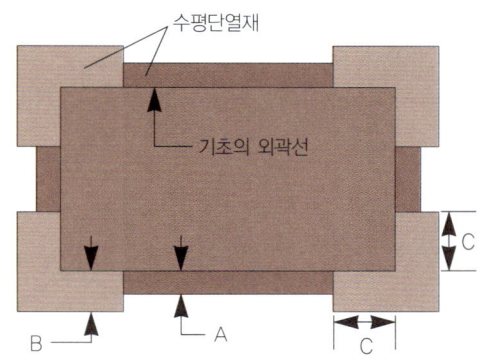

여기서 A, B, C, D의 길이에 대한 기준은 다음과 같다.

동결지수 (℃일)	기초깊이(mm) D	수직단열성능 (W/㎡k)	수평단열성능 (W/㎡k)		수평단열길이 (mm)		
			벽 면	코 너	A	B	C
~815	305	1.27	–	–	–	–	–
1,093	360	1.01	–	–	–	–	–
1,371	410	0.85	3.34	1.16	305	610	1,020
1,648	410	0.73	0.87	0.66	305	610	1,020
1,926	410	0.63	0.71	0.51	610	760	1,530
2,204	410	0.56	0.54	0.44	610	915	1,530

〈IRC에 의한 단열재 설치와 기초 깊이에 관한 사항〉

〈 출처 : 한국패시브건축협회 〉

대한민국에서 가장 춥다고 하는 대관령 842m 고지의 측후소에서만 동결지수(℃ · 일) 873.8이고 동결기초 깊이 6단계 중 2단계에 해당하며 나머지 지역의 기초 깊이는 우리나라 전 지역을 통틀어 1단계인 깊이 300㎜ 정도면 충분하다고 해석된다.

우리 조상들도 과거 집을 지을 때 기초 깊이는 한 자 깊이(300㎜)만 팠다고 한다.

(5) IRC(International Residential Code) 기준 기초

기단부 높이는 최소한 300㎜를 두고, 기초 벽체(수직단열재)에 EPS(스티로폼) 단열재 두께 40㎜를 시공하고 수평단열재와 기초 하단부의 잡석다짐은 필요시 적정한 두께에서 시공해 준다.

줄기초 하단부의 잡석다짐을 하는 이유는 기초 하단부의 동상을 방지하도록 하는 조치이다. 현장에서 기초의 하단부가 동결심도까지 닿아 있는 경우에는 이런 잡석다짐은 필요치 않다.

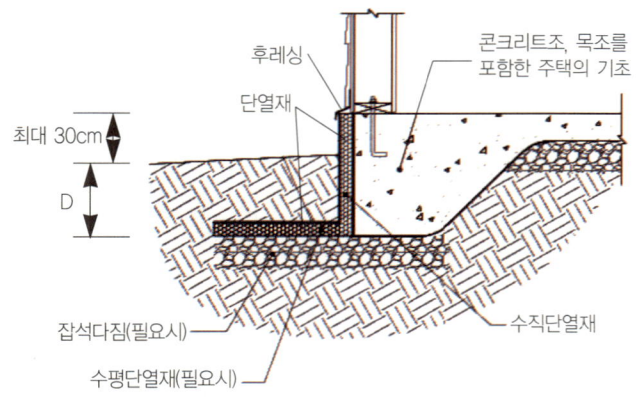

〈 출처 : 한국패시브건축협회 〉

(6) 결론

결국은 우리나라의 경우 최고로 추운 지역인 대관령 해발 842m를 기준으로 하여도 국제 기준 기초 깊이는 300㎜(한자) 이내이며, 이런 경우 기초 외벽의 단열 보강은 EPS(스티로폼) 40㎜ 이하로 시공해 주면 충분하다고 본다. 국내 기준으로는 아무리 추운 지역이라도 수평단열 보강은 불필요한 것으로 본다.

3. 건물 부위별 단열계획

(1) 기초 단열

콘크리트 기초벽의 단열은 압축 폴리스티렌과 같은 투습저항이 좋고 견고한 단열재를 사용하여야 한다. 기초벽의 단열은 동결선 아래에서부터 기초벽의 상부까지 기초벽의 외부에 단열재를 부착시키는 방법과 기초 슬래브 하부의 기초벽 내부에 설치하는 방법이 있다. 기초 슬래브의 모서리에서 발생하게 되는 열교현상을 감안하면 기초 외벽에 단열재를 치밀하게 부착시키는게 효과가 좋다.

〈 출처 : 한국패시브건축협회 〉

(2) 기초장선 단열

주택의 지하에 반지하공간 (Crawl Space)을 시공하는 경우 기초장선을 구조목으로 시공하게 되는데 이때 기초장선을 시공하면서 외벽에 접하는 부분의 단열 보강을 위해 꼼꼼한 시공방법을 선택해야 한다.

(3) 벽체 단열

벽체는 건축공간을 구성하는 주요 구조부 중 가장 많은 면적을 차지한다. 따라서 벽체를 통한 열량의 손실도 집 전체의 35%정도로 다른 부위에 비해 크므로 우선적으로 벽체의 단열을 고려해야 한다.

⑺ 코너, 베커 등 꺾이는 부분에서의 꼼꼼하고 완벽한 시공
⑻ 단열재의 열전도율을 고려한 자재의 선택
⑼ 건축자재를 2개 이상 섞어서 사용할 때 열전도율 차이에 따른 선형열교 주의
⑽ 벽체 단열을 고려한 이중벽체 시공

벽체단열의 확실한 시공방법에 대하여는 제5장에서 자세히 설명하고 있다.

(4) 지붕 단열

일반적인 주택에서 지붕과 천장을 통한 열손실은 25%정도가 된다. 지붕에 단열재를 시공하는 것은 천장 위 지붕 속의 공간까지 냉난방 하게 되는 결과를 초래하게 되므로 천장을 단열하는 것이 효과적이다. 천장을 단열하면 천장 위 지붕속 공간을 통해 여름에는 뜨거운 열기를 밖으로 빼 환기를 시키고 겨울에는 수증기압이 낮은 저온의 외기가 도입되어 지붕 내부로 발생할 수 있는 표면 결로를 방지할 수 있다.

■ 이중지붕의 시공

천장이 오픈된 거실이나 다락을 설치하는 등 지붕과 생활공간 사이에 격벽이 없는 경우 지붕 외부의 뜨거운 복사열에 의해 실내에 과다한 냉방에너지를 사용해야 하는데 이때 지붕은 이중지붕을 설치하여 여름철 태양 복사열을 환기시킬 수 있어야 하고 겨울 실내 난방열을 가둬 둘 수 있어야 한다.

4. 기밀 시공

(1) 바늘구멍으로 황소바람 들어온다

건물의 기밀성은 에너지 소비나 환기 두 가지 측면에서 매우 중요한 요소로 작용한다. 바늘구멍으로 황소바람이 들어온다고 했다. 작은 틈새가 존재하여 공기가 제멋대로 통과하게 되면 이를 통해 상당한 열손실이 일어나고, 환기시스템을 조절하는 것도 어렵게 되기 때문이다.

주택의 기밀 시공은 결국 시공자의 몫으로 돌아가게 되는데 빠른 시공성만 강조하게 되면 결국 꼼꼼한 시공이 담보되지 않게 된다. 보이지 않는 부분에서의 꼼꼼한 시공이 완벽한 주택의 단열을 보장해 준다는 사실에는 변함이 없다.

(2) 기밀 시공 관련 사항

기밀 시공을 실현하기 위해서는 설계부터 시공에 이르기까지 다음과 같은 점에 유의해야 한다.

㈎ 초기 설계에서부터 기밀 시공을 위한 상세도면
㈏ 배관, 전선연결 등의 설비가 들어가는 부분의 기밀 시공을 위한 준비
㈐ 이음새, 맞닿는 부분, 겹치는 부분의 최소화
㈑ 이음새나 맞닿는 부분의 영구적인 기밀 시공

㈐ 기밀면이 형성되는 면의 건축자재는 가능한 한 바뀌지 않도록 유의

㈑ 기밀면이 형성된 후에는 기밀면이 후속 작업에 의해서 손상되지 않도록 유의

(3) 주택에서 기밀에 주의할 부위
- 코너
- 벽체와 지붕이 만나는 부분
- 창호
- 콘센트, 스위치 부분
- 다락 계단
- 굴뚝, 스탁벤트

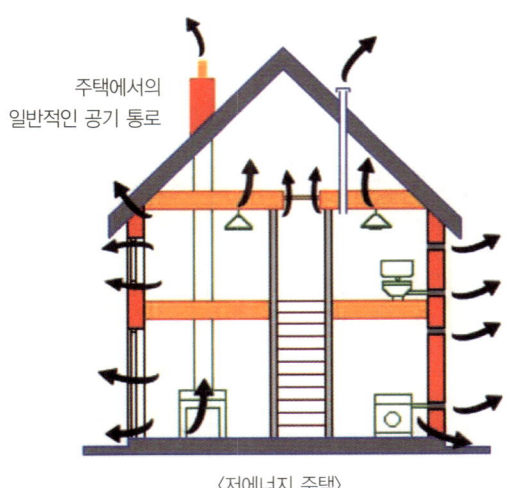

〈저에너지 주택〉

〈 출처 : 한국패시브건축협회 〉

(4) 콘센트, 스위치 부분

주택의 전기배선은 주로 CD관을 매설하고 CD관 속으로 전기선을 인입하는 방법으로 시공하는데, 이때 콘센트 또는 스위치 부분에 대한 기밀시공을 해 주지 않으면 CD관을 통한 공기통로가 되고 공기가 통하면 소리도 함께 전달되어 방음효과도 떨어지면서 함께 단열도 깨지게 된다.

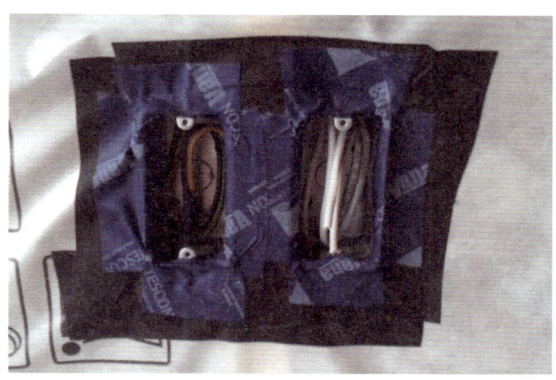

(5) 창호 기밀시공

창호를 설치하기 위해 벽체 시공 시 아래와 위, 좌우로 창호를 쉽게 설치하기 위한 여유 공간을 두게 되는데, 창호를 시공하고 이 여유 공간에 대한 치밀한 기밀을 하지 않으면 단열이 깨지게 된다. 특히 창호의 아랫부분에 대해서는 대부분 현장에서 쉽게 지나치는 경우가 많은데 기초 공사 후 남는 자재인 씰실러를 잘라서 붙여 주면 확실한 기밀시공이 된다.

(6) 창호 틈새 기밀시공

기존 시공방법에서는 창호의 윗부분과 좌 우 틈새를 그라스울로 채워 넣게 되는데 이때 그라스울을 밀어 넣으면 단열성능이 깨지게 된다. 열전도체인 그라스울은 가능한 넓게 펴져야 그 안의 공기층이 유지되어 단열성능을 갖게 되는데 조금이라도 밀어 넣게 되면 그라스울 내부의 공기층이 깨지게 되기 때문이다.

(7) 기밀 주요 부위

■ 시공시 누기 예상부위 체크리스트

점검부위		비고
건축 구조	창호와 벽체가 만나는 부위	시공설치라인
	문과 벽체가 만나는 부위	시공설치라인
	창호프레임 접합 부위	
	창문과 창틀이 만나는 부위	가스켓
	문짝과 문틀이 만나는 부위	가스켓
기계 설비	오수 및 배수 인출관의 외벽관통 부위	
	옥외 부동수전 인물관의 외벽관통 부위	
	수도 인입관의 외벽관통 부위	
	가스 인입관의 외벽관통 부위	
	욕실 배기덕트의 외벽관통 부위	
	주방 및 다용도실의 후드배기덕트의 외벽관통 부위	
	보일러 연도의 외벽관통 부위	
	환기장치 덕트관로의 외벽관통 부위	
전기 설비	전기 인입선의 외벽관통 부위	
	세대 분전반 박스 부위	
	온도조절기 박스 부위	
	콘센트 박스 부위	
	전동블라인드 전원공급선의 외벽관통 부위	
	외부전등 전원공급선의 외벽관통 부위	
	전등 박스 부위	
	전등 스위치 박스 부위	
	통신 인입선의 외벽관통 부위	
	TV분배합 및 통신용 국선단자함 부위	
	관통부위에 설치하는 슬리브 및 pipe 내부	pipe 내부를 통한 침기
	비디오콘 및 도어제어 전선의 외벽관통 부위	
	비도오폰 박스 부위	
	TV유니트 및 통신용 콘센트 박스 부위	

5. 환기 - 열회수 교환

(1) 열회수 교환이란

　최근 에너지절약형 건물을 강조하다보니 건물 신축 시 건물의 기밀은 강화되고 실내공기의 환기가 반드시 필요하게 되었다. 그러나 환기를 하게 되면 실내의 에너지가 손실되어 더욱 많은 에너지가 필요하게 되어 에너지절약형 건물이 아니라 에너지 손실형 건물이 될 우려가 있는데 그런 의미에서 반드시 필요한 것이 환기는 적절히 행해지되 에너지 손실은 최소로 할 수 있는 에너지 회수 환기장치이다.

　눈으로는 보이지 않기 때문에 실내공기의 중요성이 간과되어 왔으며 심지어는 각 가정에 설치되어 있는 환기장치를 알지 못하거나 두고도 사용하지 않고 있는 경우가 많은데 아이들의 아토피(atopic dermatitis)나 알레르기(allergy) 또는 새집증후군(SHS : Sick House Syndrome or SBS : Sick Building Syndrome) 등 심각한 실내공기 문제로 인하여 고통을 받을 수 있으므로, 실내 공기질과 환기장치에 대한 중요성을 인식하고 쾌적한 주거 환경을 유지하도록 한다.

(2) 주택에서 열회수 교환장치

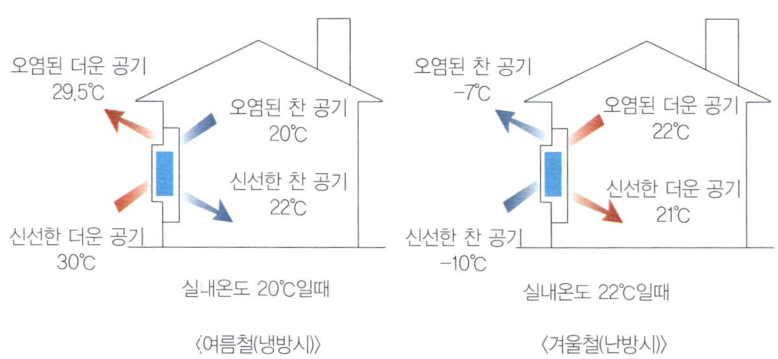

〈여름철(냉방시)〉　〈겨울철(난방시)〉

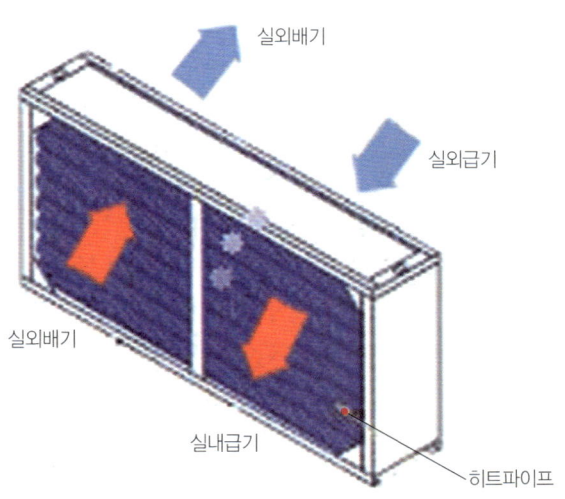

(3) 창문형 열회수 교환장치

- 환기시스템 구조

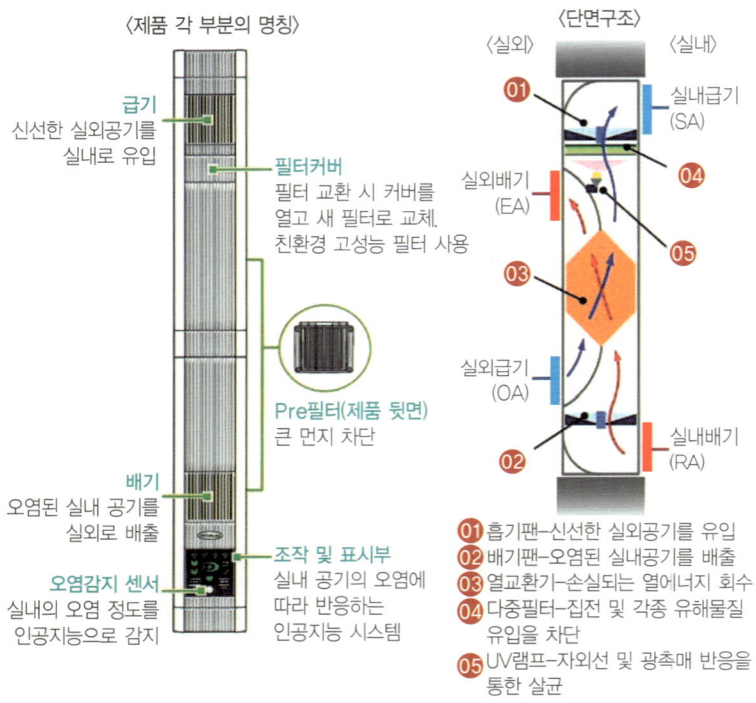

〈제품 각 부분의 명칭〉

- **급기**: 신선한 실외공기를 실내로 유입
- **필터커버**: 필터 교환 시 커버를 열고 새 필터로 교체. 친환경 고성능 필터 사용
- **Pre필터(제품 뒷면)**: 큰 먼지 차단
- **배기**: 오염된 실내 공기를 실외로 배출
- **조작 및 표시부**: 실내 공기의 오염에 따라 반응하는 인공지능 시스템
- **오염감지 센서**: 실내의 오염 정도를 인공지능으로 감지

〈단면구조〉

〈실외〉 〈실내〉

- 실내급기 (SA)
- 실외배기 (EA)
- 실외급기 (OA)
- 실내배기 (RA)

01 흡기팬-신선한 실외공기를 유입
02 배기팬-오염된 실내공기를 배출
03 열교환기-손실되는 열에너지 회수
04 다중필터-집진 및 각종 유해물질 유입을 차단
05 UV램프-자외선 및 광촉매 반응을 통한 살균

6. 이중벽체 - Rain Screen

(1) 레인스크린

주택의 벽체와 외벽 사이딩 사이에 공기층을 두어 비바람으로 인한 빗물이 외벽 사이딩의 틈새 등에 모세관 현상으로 침투하여 안으로 스며드는 습기나 수분을 밖으로 원활하게 배출시킨다. 이렇게 하여 외벽의 사이딩과 주택 벽체 방습지 사이에 수분이 고이는 것을 막아주는 역할을 한다.

1970년대 후반부터 캐나다 등 여러 나라에서 레인스크린을 적용하기 시작하였으며 특히 강수량이 많은 캐나다의 브리티시 콜롬비아주 태평양 연안 지역에서는 레인스크린이 의무화 되어 있다.

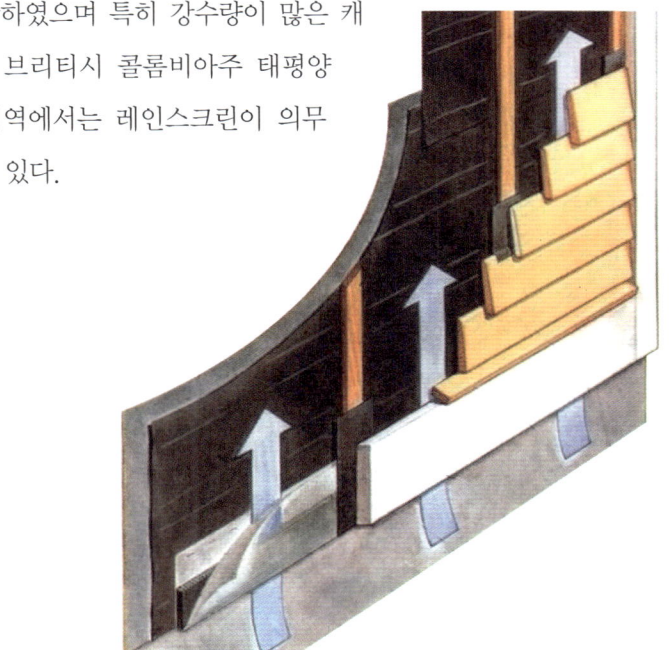

(2) 레인스크린 역할

⑺ 방수 – 주택 외장재의 안과 밖으로 기압차를 같게 하여 압력 차이에 의한 습기가 내부로 침투하는 것을 방지하는 역할을 한다.

⑷ 배수 – 벽체를 뚫고 스며든 수분을 아래로 배출시키는 통로

㈐ 습기의 분산 – 여름과 겨울 실내와 외기 온도차에 의해 생기는 결로를 배출 시키는 통로 역할

㈑ 단열 – 겨울철에는 정지공기가 되어 단열층을 형성

(3) 위, 아래의 공기통로 확보(Bug screen)

버그스크린이란 레인스크린의 틈새로 벌레 등이 침투하는 것을 방지하기 위해 아랫부분에 스테인리스 메쉬 또는 강한 재질의 플라스틱 매쉬를 설치하여 곤충이나 해충의 침입을 방지하는 망을 말한다.

(4) 레인스크린 공기층 두께

레인스크린의 두께에 대한 규정은 없지만 통상 10mm 이상이면 그 역할을 수행할 수 있다고 본다.

방부상판을 1/3로 켜서 사용하는 경우 공기층의 두께는 15mm 정도가 되고 요즘 시중에 판매되고 있는 레인스크린용 방부각재의 두께는 19mm이다. (규격 : 19mm×89mm×3600)

캐나다의 경우 19mm 이상의 방부목 띠장으로 규정하고 있다.

레인스크린의 기본 기능인 배수와 습기 배출 역할만 수행해 주면 되기 때문에 레인스크린 공기층의 두께는 10mm~20mm 정도면 무난하다.

다만, 환기를 위한 공기층의 두께는 최소 1인치(25mm) 이상이 되어야 하는데, 공기층의 두께가 1인치(25mm) 이상이 되지 않으면 환기 역할을 하지 못하기 때문이다.

(5) 단열효과

레인스크린이 여름철 외장 사이딩으로 투과되는 복사열로 뜨거워진 공기가 그 열을 주택 벽체에 직접 전달하지 않고 중간 공기층에서 한 번 식혀 주는 역할을 한다고 생각할 수 있는데, 열을 빼주기 위한 환기 역할을 살리기 위해서는 레인스크린의 두께가 1인치(25mm) 이상이 되어야 한다.

단열재로서 가장 훌륭한 정지공기는 공기층의 두께 11mm~18mm 일 때 대류현상을 일으키지 않고 상온에서 열전도율 $0.022W/m^2k$ 값을 가지며 이는 그라스울 8K 열전도율 $0.044W/m^2k$보다 2배 뛰어나다. 같은 단열성능을 유지하기 위해 그라스울의 1/2 두께면 된다는 말이다.

여름철 외장 사이딩이 뜨거워져서 더운 공기층이 위로 올라갈 경우에는 외벽의 뜨거워진 열을 식히는 환기의 역할을 하지만, 반대로 추운 겨울에는 정지공기가 되어 외벽의 단열효과를 충분히 누릴 수 있다. 위, 아래가 뚫려 있기 때문에 단열효과가 없다고도 이야기되지만 겨울철 대류현상이 없을 때 공기층을 생각해 보면 100%는 아니지만 일정한 단열효과를 기대할 수 있다.

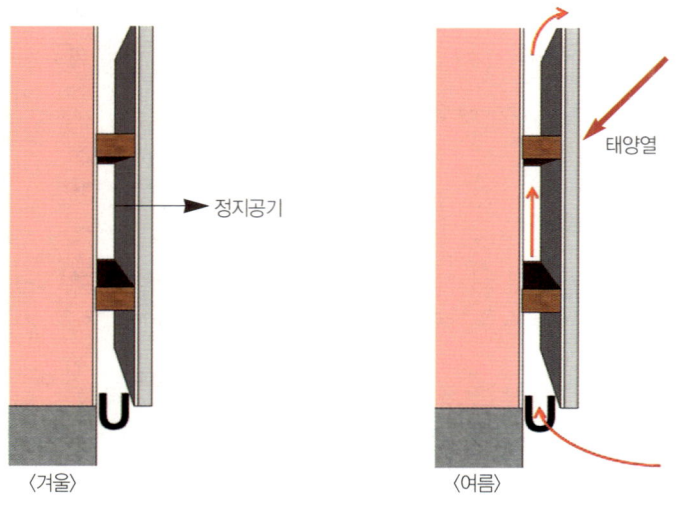

〈겨울〉 〈여름〉

(6) 드레인랩

드레인랩은 독특한 수직주름을 통하여 습기나 수분을 위와 아래로 배출시켜 주므로 공기층 형성을 위한 각상 작업을 시공할 필요가 없어 작업 공기를 단축시켜 준다. 목조주택이 스틸하우스 등에서 외단열 미장 마감 공법을 추가할 경우에 고질적인 습기 문제를 해결하면서 공사 비용을 절감할 뿐 아니라 대류에 의한 열손실을 줄여 외단열 효과를 극대화 시켜준다.

- ■ 습기관리 – 독특한 습기 주름을 통해 습기나 결로수 배출
- ■ 대류에 의한 열손실 방지 – OSB와 외단열재 사이의 공기층 최소화

- 규격 : 1.5m×50m
- 독특한 수직주름을 통하여 습기 및 수분이 흘러 내린다.
- 기존 공법의 배습을 위한 공기층(각상)을 없애 공사비 절감 및 외단열 효과를 극대화
- 타이벡은 고유한 구조에 의한 투습방수 및 방풍성능은 단열재 및 구조체를 결로 및 누수로부터 보호하며 건축물의 에너지 효율을 높인다.

	기본 공법	DrainWrap 적용 공법
구조	OBS 〉 Tyvek® 〉 각상 〉 외단열재	OBS 〉 Tyvek® 〉 DrainWrap 〉 외단열재
특징	높은 공사비용 대류에 의한 열손실	총 공사비 절감 (자재비, 시공비, 공사기간 단축) 열손실 방지, 외단열 효과 극대화

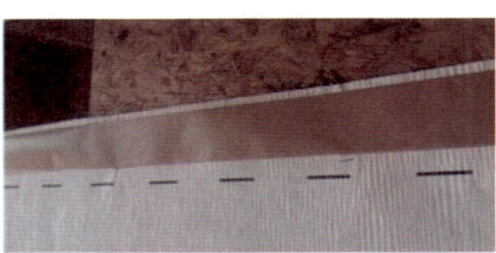
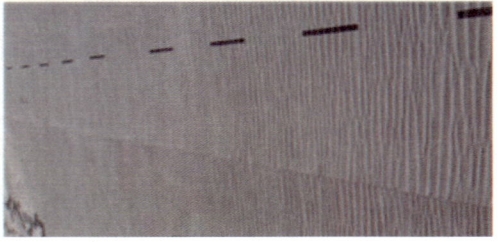

7. 이중지붕 - 다락, 오픈거실

(1) 천장이 없는 지붕

목조주택은 여타 다른 자재를 사용하여 짓는 주택(콘크리트, 황토벽돌집)과는 달리 단열에 대한 열적 성능이 좋은 주택이기 때문에 거실을 천장이 없는 오픈 거실로 대부분 건축하는데 이때 뜨거운 태양열에 노출되어 있는 지붕이 바로 거실과 연결되는 관계로 지붕 단열에 대한 상당한 주의 시공이 요구된다. 특히 다락방의 경우 지붕에 바로 접촉되는 부분에 대한 지붕 단열에서 좀 더 세심한 시공이 있어야 한다.

(2) 이중지붕의 시공

(3) 다락방 이중지붕

다락방은 생활공간이 협소하고 지붕의 높이가 낮기 때문에 특히 지붕단열에 주의를 기울일 필요가 있다. 다락방에 이중지붕을 시공해 주는 것은 여름철 지붕위에 그늘막을 하나 만들어 주는 이상의 효과가 있다.

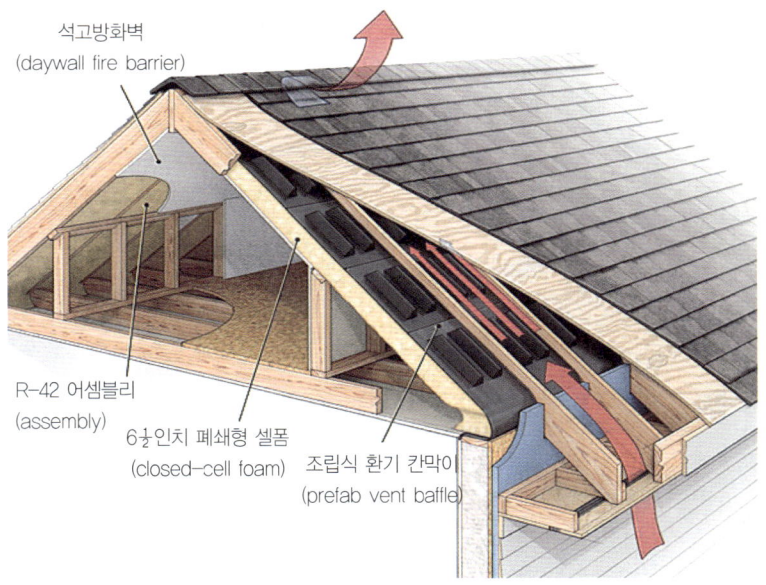

제 5 장

목조주택의 단열 보강

1. 구조적 단열 보강
2. 기초 단열 보강
3. 벽체 단열 보강
4. 코너 단열 보강
5. 베커 단열 보강
6. 헤더 단열 보강
7. 처마 단열 보강
8. 그라스울 시공

제5장

목조주택의 단열 보강

1. 구조적 단열 보강

나무 열전도율	0.140	그라스울의 단열성능이 구조재(나무)보다 약 3배 좋다
그라스울 열전도율	0.044	

목조주택의 골조는 구조재(나무)로 이루어져 있고 단열은 별도의 그라스울 단열재로 벽체 사이를 채우게 되는데 문제는 나무와 단열재로 사용되는 그라스울의 단열성능이 3배의 차이를 보인다. 이는 나무로 이루어진 부분에서 열교(Heat Bridge)현상을 보이게 되어 목조주택 전체의 단열성능을 떨어뜨리는 요소로 작용한다.

따라서 목조주택에서 외벽과 접하는 부분에서 나무로 이루어져 있는 부분에 대한 정리와 이에 대한 단열보강을 함으로서 완벽한 단열이 보장되는 목조주택 시공이 되어야 한다.

벽체 부분의 외기와 만나는 부분에서 나무로 이루어져 있는 곳은

스터드, 코너, 베커 부분이고, 벽체와 지붕이 연결되는 부분에서의 단열보강이 되어야 한다.

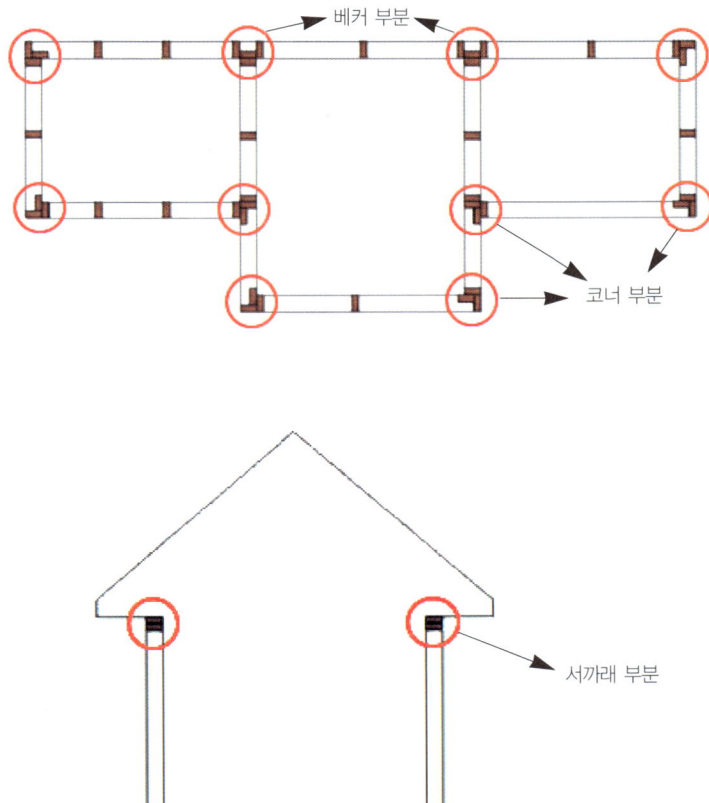

2. 기초 단열 보강

(1) 일반적인 기초 구성

- 기초 콘크리트 위로

머드실 ⇒ Double Bottom Plate ⇒ Bottom Plate 그 위로 벽체가 세워진다.

- 바닥 난방은

50mm 스티로폼(EPS) ⇒ 40mm 기포콘크리트 ⇒ 10mm(폼시트+강화마루)

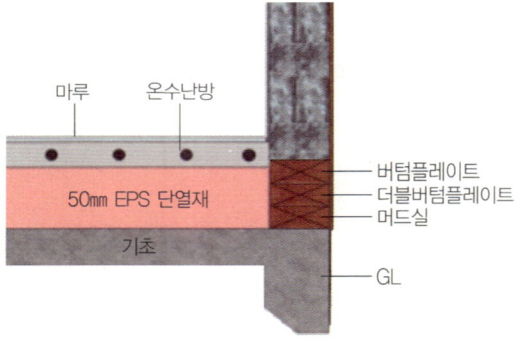

(2) 기초선형열교도

옆의 그림은 기초 부분에서 나무로 사용되는 그라스울의 열전도율 선형열교도이다. 나무로 시공되는 벽체 하단부의 플레이트 2개 나무로 이루어진 부분에서 단열 저하가 발생한다.

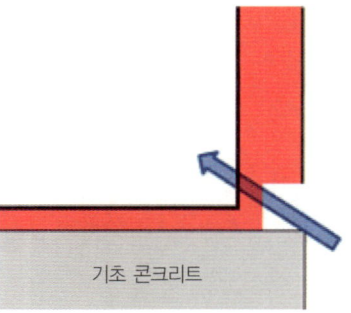

(3) 머드실 위로 벽체 제작(바닥 플레이트 2개 제거)

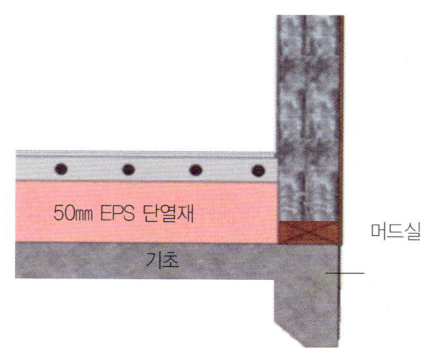

기초 위에 벽체를 세울 때 머드실 위로 바로 벽체를 세운다. 버텀플레이트 2개를 제거한다. 플레이트 2개를 제거하는 이유는 구조재(나무)의 부족한 단열 성능을 보완해 주기 위함이다.

내부 난방을 위한 준비작업으로 내부 바닥에 50㎜ 스티로폼(EPS)을 깔고 그 위로 바닥 난방을 하게 된다.

(4) 기초외부 단열 보강

기초단열을 보강해 주기 위해 기초판 외부로 100mm EPS(스티로폼) 또는 50mm 우레탄 보드를 붙여서 단열을 보강해 준다.

기초 외벽으로 돌려주는 스티로폼은 높이에 맞춰서 적당한 길이로 절단하여 기초 외벽을 따라서 꼼꼼하게 채워주는 방법이다.

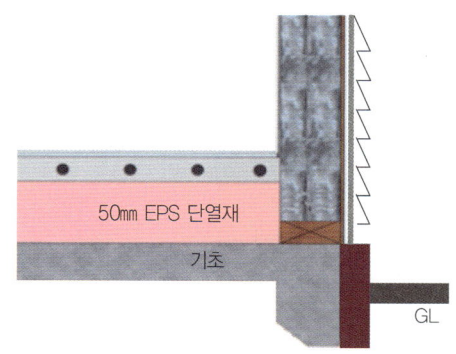

(5) 완성된 기초단열의 형태

- 기초터를 닦을 때 100mm EPS(스티로폼) 단열재를 기초판 전체에 깔아 준다.

- 기초벽체의 외부에 100mm EPS(스티로폼) 또는 50mm 우레탄 보드 등으로 단열 보강을 해 준 다음 기초 기단부 외부 마감을 해준다.

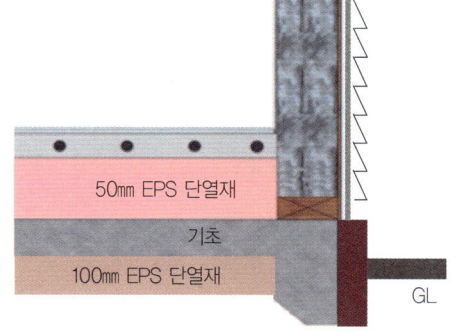

- 주택 방통을 하기 전에 내부 바닥에 50mm EPS(스티로폼)을 시공해 줌으로 주택 내부의 단열을 보강해 준다.

3. 벽체 단열 보강

(1) 벽체 단열 충진
목조주택의 벽체는 2×6 구조재를 16인치(406㎜) 간격으로 배치 정렬시킨 후 외벽으로 합판(OSB)을 붙이고 내부에 석고를 시공하여 구조를 완성하고 2×6 구조재 사이에 그라스울 단열재를 충진하여 벽체를 완성한다.

(2) 선형열교 발생
이때 벽체의 단열재로 사용되는 그라스울보다 2×6 목재의 단열성능인 열전도율이 3배 차이가 나기 때문에 벽체에서 2×6 구조재가 자리하고 있는 부분에서 선형열교가 발생하게 된다.

· 구조제 열전도율 : 0.14
· 그라스울 열절도율 : 0.044
· 3.2배의 단열성능 차이

〈벽체의 구성〉

(3) 선형열교도

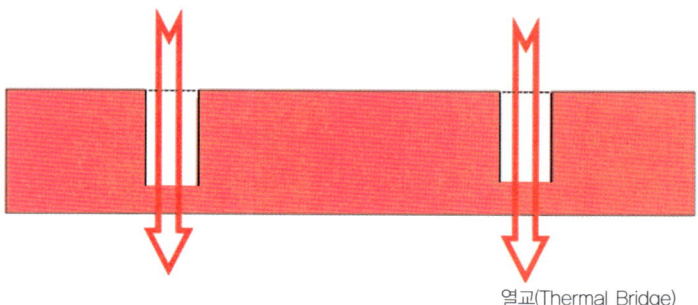

(4) 벽체 단열 보강

- 외벽에 보조단열재 시공
- Rain Screen의 단열 성능 : 틈새의 간격이 $\frac{3}{8}$인치 정도 만들어 주면 정지공기의 단열성능을 갖게 되므로 비막이가림층의 효과뿐 아니라 부수적으로 보조단열 효과도 가질 수 있다.

4. 코너 단열 보강

(1) 코너의 단열 취약성

코너는 두 개의 벽체가 접합되는 부분으로 벽체 결합을 위해 외벽체보다 구조재를 더 사용할 수밖에 없다. 결국 단열성능이 부족한 구조재가 외벽체보다 더 사용되는 관계로 단열에 취약해 진다.

나무 열전도율	0.140	그라스울의 단열성능이
그라스울 열전도율	0.044	구조재(나무)보다 약 3배 좋다

(2) 선형열교도

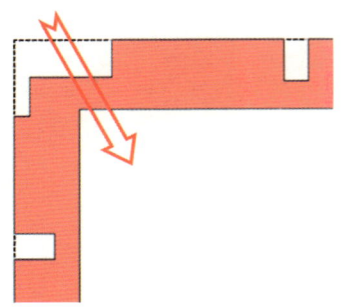

나무가 겹쳐지는 부분에서 단열성능이 떨어지는 것을 확인할 수 있다.

(3) 단열 보강

부족한 단열을 보강하기 위한 방법으로 좋은 단열재를 채워주는 방법이 좋다.

그라스울 열전도율	0.044	우레탄폼의 열전도율(단열성)이 그라스울보다 약 2.5배 좋다
우레탄폼 열전도율	0.018	

(4) 우레탄폼 접착 시 스프레이 사용법

  마른 합판이나 목재 위에 우레탄폼을 시공할 경우 수직면에 잘 붙지 않아 우레탄폼만 아래로 흘러내리게 되어 시공에 애를 먹게 되는데 이때 우레탄폼을 접착할 면에 일반 스프레이로 물을 뿌려 주면 우레탄폼의 접착을 쉽게 하여 편하게 시공할 수 있다.

5. 베커 단열 보강

(1) 벽체의 단열 취약성

외벽체와 내벽체가 만나게 되는 부분에서도 코너와 마찬가지로 두 개의 벽체가 접합되기 때문에 구조재를 더 사용하게 되고 단열성능이 떨어지는 구조재의 사용은 결국 단열의 취약점이 된다.

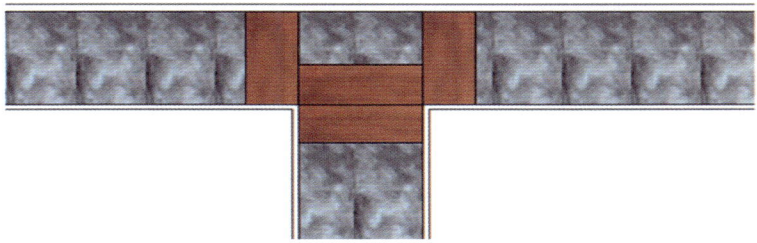

(2) 선형열교도

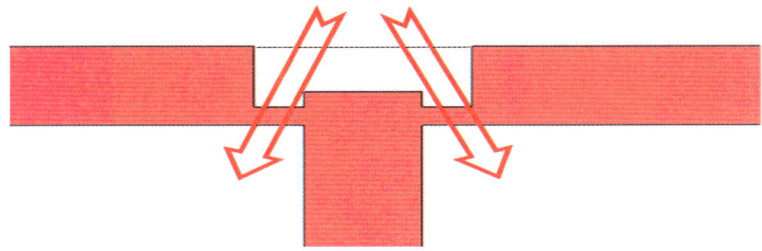

| 나무 열전도율 | 0.140 | 그라스울의 단열성능이 구조재 |
| 그라스울 열전도율 | 0.044 | (나무)보다 약 3배 좋다 |

(3) 단열 보강

코너에서와 마찬가지 방법으로 우레탄폼을 사용한다.

이때 목재의 접착면에 스프레이를 사용하여 우레탄폼의 원활한 접착을 도와주면 시공이 편리하다.

그라스울 열전도율	0.044	우레탄폼의 열전도율(단열성능)이 그라스울보다 약 2.5배 좋다
우레탄폼 열전도율	0.018	

6. 헤더의 단열 보강

(1) 헤더(인방)의 단열 취약성

창호나 문이 설치되는 곳에서는 지붕의 하중 분산을 위해 윗부분에 헤더(인방)를 설치하게 되는데 헤더를 제작하기 위해서 나무를 겹쳐서 사용하게 된다. 이때 나무는 단열성능이 그라스울보다 떨어지기 때문에 단열의 취약점을 보이게 된다.

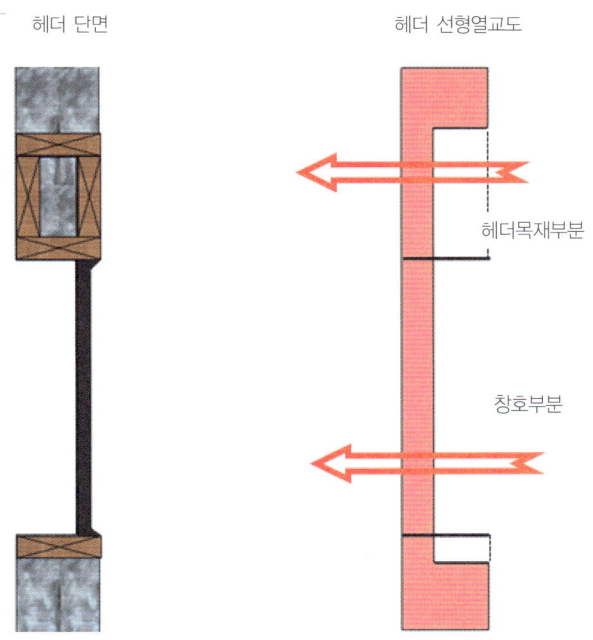

(2) 선형열교도

헤더의 나무가 겹쳐지는 부분이 단열성능이 취약해지고, 창호 역시 아무리 좋은 창호라고 하더라도 벽체의 단열성능에 비해 $\frac{1}{3}$ 정도밖에 안되기 때문에 선형 열교도를 그리게 되면 앞에 그림과 같이 표현된다.

(3) 단열 보강

헤더의 단열을 보강하기 위해서는 헤더를 짤 때 헤더의 속부분을 우레탄폼으로 채우면 될 것이고, 창호의 단열 보강을 위해서는 제6장에서 자세하게 설명한다. 창호의 단열필름, 외부 덧창 등의 방법이 있을 수 있다.

7. 처마 단열 보강

(1) 처마(eaves)의 단열 취약성

벽체와 서까래가 만나는 부분에서도 두 개의 벽이 만나는 관계로 지붕 하중과 벽체 보강을 위해 나무가 많이 사용되고 나무가 많이 사용되는 부분에서는 어쩔 수 없이 단열성능이 취약해진다.

탑플레이트 부분에서 이중으로 플레이트가 시공되고, 그 윗부분으로 끝막이 장선이 설치되어 있다. 이 부분에서 그라스울 단열재를 꼼꼼하게 시공한다고 하여도 단열성능의 취약은 막을 수 없다.

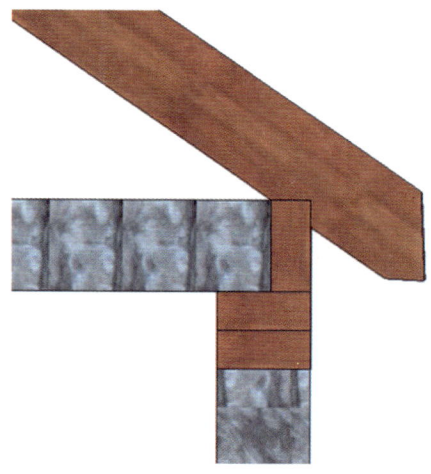

(2) 선형열교도

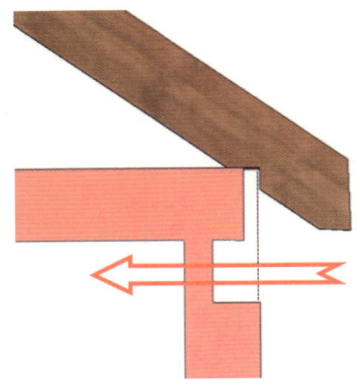

| 나무 열전도율 | 0.140 | 그라스울의 단열성능이 구조재(나무)보다 약 3배 좋다 |
| 그라스울 열전도율 | 0.044 | |

(3) 단열 보강

| 그라스울 열전도율 | 0.044 | 우레탄폼의 열전도율(단열성능)이 그라스울보다 약 2.5배 좋다 |
| 우레탄폼 열전도율 | 0.018 | |

8. 그라스울 시공

목조주택의 단열재인 그라스울의 정확한 시공은 목조주택의 장점인 단열을 보강하기 위한 시작이다. 실제 현장에서는 명확한 성능과 시공에 대한 이해없이 막연하게 작업이 이루어지는 관계로 목조주택의 단열성능이 제대로 발휘되지 못하고 있는 실정이다.

(1) 그라스울 단열성능 이해

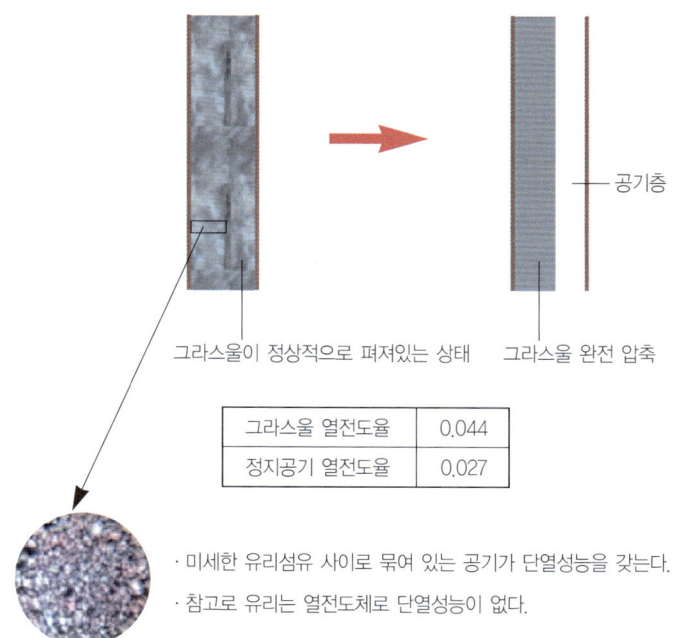

- 미세한 유리섬유 사이로 묶여 있는 공기가 단열성능을 갖는다.
- 참고로 유리는 열전도체로 단열성능이 없다.

- 그라스울은 한글로 번역하면 유리섬유
- 유리는 단열재
- 그라스울의 단열성능을 좌우하는 것은 미세한 유리섬유가 품고 있는 정지공기층
- 그라스울을 압축하면 공기층이 줄어들어 단열성능이 떨어지게 된다.

그라스울 열전도율	0.044	유리는 열전도체이고 유리섬유가
정지공기 열전도율	0.025	품고 있는 공기층이 단열성능을 갖는다

(2) 그라스울의 정확한 시공

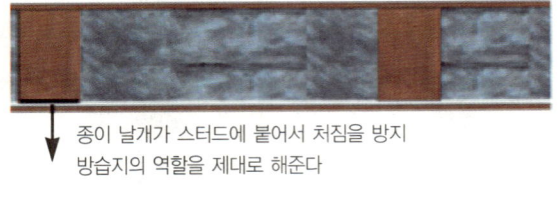

종이 날개가 스터드에 붙어서 처짐을 방지
방습지의 역할을 제대로 해준다

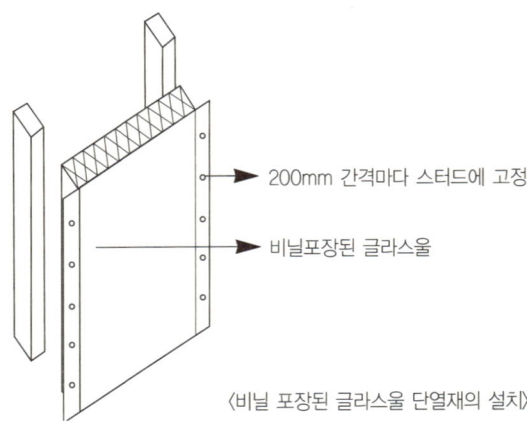

200mm 간격마다 스터드에 고정

비닐포장된 글라스울

〈비닐 포장된 글라스울 단열재의 설치〉

〈출처 : 한국패시브건축협회〉

- 그라스울의 날개를 펼쳐서 스터드 앞면에 붙여 시공한다.
- 그라스울에 붙여 있는 종이는 주택 내부의 생활습기가 단열재로 침투하는 것을 차단시켜 주는 방습지의 역할을 한다.

(3) 그라스울의 잘못된 시공 사례

아래 그림의 오른쪽은 목조주택 시공 현장에서 흔하게 볼 수 있는 시공방법이다. 그라스울에 붙어있는 날개를 스터드 안쪽으로 붙여서 시공하면 그림에서 ①번과 같이 그라스울이 눌리면서 공기층이 형성되고 이 부분에서 단열성능 저하가 생긴다.

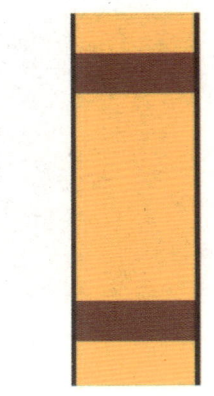
〈건축주가 기대하는 단열재 삽입그림〉

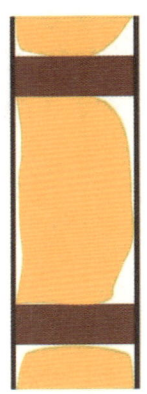
〈실제의 단열재 시공〉

〈출처 : 한국패시브건축협회〉

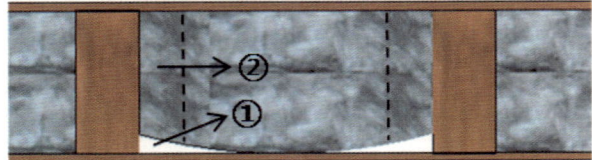

■ 그라스울의 날개를 스터드 안쪽으로 붙이는 경우
① 그라스울이 눌려지므로 단열성능이 떨어지게 된다.
② 날개가 접혀지는 부분에서 공기층이 생기게 되는데 주택 화재 시 연도의 역할을 한다.

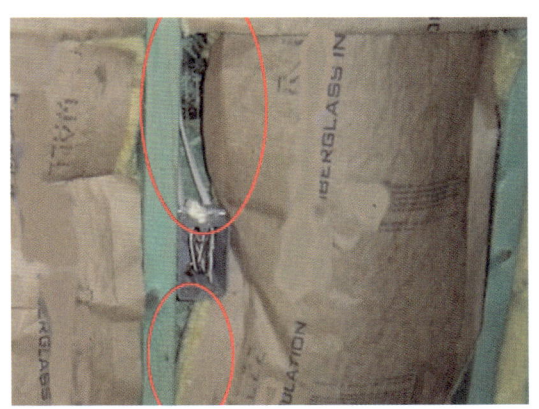
〈전기 배선 부분에서 눌려 시공된 사례〉

〈바닥부분에서 잘려 시공된 사례 – 아무렇게나 잘라서 밀어 넣음〉

제 6 장

창호

1. 유리
2. 창호 기능
3. 창호 성능 지표
4. 창 및 문의 단열성능
5. 로이 코팅
6. 알곤 가스
7. 창호 단열 보강

█ 제6장

창호

1. 유리

(1) 유리의 기원

인류가 유리를 만들기 시작한 것은 지금으로부터 4000년경으로 보고 있다. 역사적 자료는 기원전 3000년경 이집트 구슬에 유리질 유약을 사용한 흔적이 남아 있으며 기원전 1350년경 유리 제조공장이 운영된 자료가 남아 있다.

(2) 유리의 물리적 성질

유리는 무기질의 물체로 녹았다 냉각될 때 결정화가 되지 않은 채 고체화 되는 것, 또는 동결된 냉각액체이다. 유리는 물질의 상태에서는 액체라고 볼 수 있으나 실제 일상생활에서 쓰이는 유리는 고체이다. 유리 상태란 액체를 냉각시킬 때 결정이 생기지 않고 그 구조가 변하지 않은 채로 녹은 상태에서 응고된 상태로 변하는 이른바 과냉각 액체 상태를 거쳐 점토가 아주 커지면서 굳어진 상태를 말한다.

아무리 끓여도 끓지 않으며 아무리 열을 가하여도 수증기로 증발하지 않으며, 물엿처럼 녹아서 신축성 있는 물체로 변하였다가 식어서 다시 단단한 덩어리로 굳는다.

유리는 딱딱한 젤리 과자같이 매우 밀도가 높은 액체이다. 오래된 옛날 학교 유리창을 보면 아랫부분이 조금 두꺼운 것을 볼 수 있다. 이런 이유는 시간이 지나면서 유리가 밑으로 흘러 내렸기 때문이다. 유리를 통해 볼 수 있는 것도 기본적으로는 물과 같은 물성 때문이다.

이는 분자들이 느슨하게 배치되어 있기 때문에 빛을 가로막지 않는 것이다.

(3) 유리의 기능

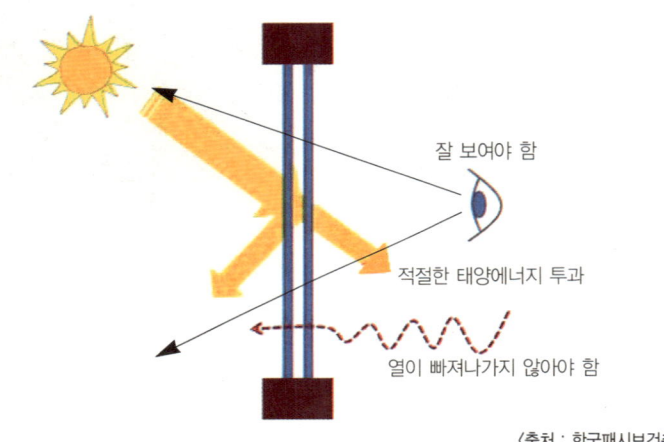

〈출처 : 한국패시브건축협회〉

(4) 온실효과

㈎ 유리는 장파 복사에너지는 잘 통과시키지 못하지만, 단파 복사에너지는 잘 통과 시킨다. 실내로 들어온 적외선 장파 복사에너지는 대개 70% 이상이 건물 내부로 재반사 된다.

㈏ 창문은 외부를 볼 수 있으면서도 외기를 막을 수 있는 복합적인 역할을 하는 구조재이다. 잘 볼 수 있어야 하고, 에너지 손실이 없도록 외기와 차단되어야 하고, 태양에너지를 적절하게 투과시킬 수 있어야 한다.

㈐ 유리창이 크면 겨울철에 추울 것이라는 선입견을 가지고 있지만 단열기능을 제대로 갖춘다면 햇빛이 잘 드는 남쪽 창호의 경우 겨울철에도 오히려 창문을 통해 들어오는 에너지가 나가는 에너지 보다 더 많아져서 집이 더 따뜻해진다.

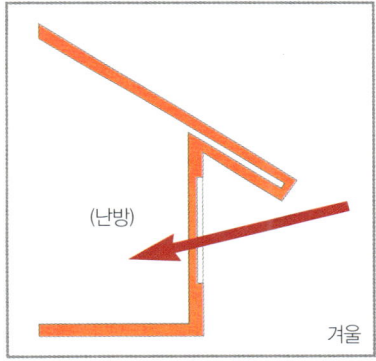
(난방) 겨울

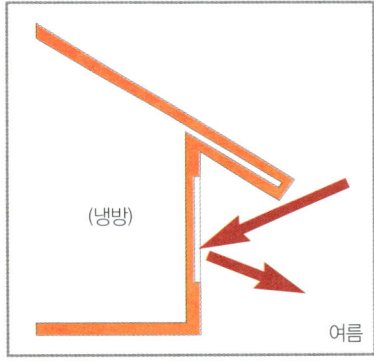
(냉방) 여름

2. 창호 기능

(1) 일반 창호와 시스템 창호의 차이

일반 창호는 단순히 창틀 위에 롤러를 설치하여 창문을 슬라이딩 방식으로 열고 닫는데 이 경우 창틀과 창짝 사이, 문틀과 문 사이 틈이 많아지게 되어 기밀성이 떨어지게 된다. 방음성, 단열성능이 떨어지며 수밀성이 좋지 않아 비바람이 불 때면 창틀 사이로 물이 들어 올 수 있다.

일반 창호

시스템2중창

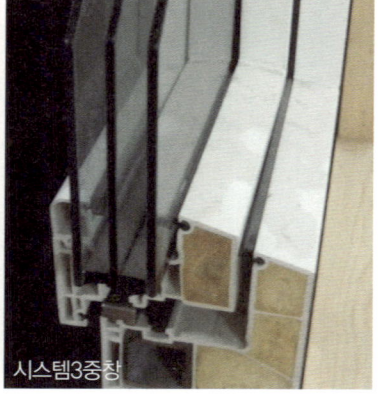
시스템3중창

반면 시스템 창호는 일반 창호의 단점을 극복하여 개폐방식이 창짝이 들려서 젖혀지거나 창짝이 겹쳐져서 미닫이가 되는 등 다양한 개폐방식을 갖고 있다.

(2) 미국식과 유럽식 시스템 창호

■ 미국식 시스템 창호 - 좌우 또는 상하 슬라이딩 방식 위주

■ 독일식 시스템 창호 - 내부쪽으로 창문을 당겨서 여는 틸팅 시스템

손잡이 잠금장치 등의 하드웨어 기능과 디자인이 심플한 미국식에 비해 독일식은 화려하고 중후한 편이다.

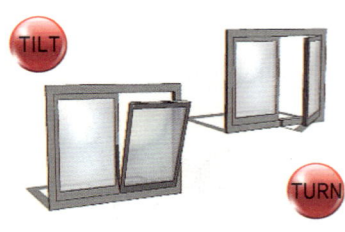

- 환기 기능과 여닫이 기능의 조절
- 독일식 시스템창의 기본이지만 최고의 열효율을 발휘
- 세련된 디자인과 수려한 컬러로 조화로운 공간 연출
- 유럽에서 인증받은 프로파일 강도와 접이식 보강재의 결합으로 규격제한에서 자유로움
- 내부 핸들의 조작만으로 뛰어난 방범 기능 발휘

- 유럽 오리지널 도어용 접이식 보강재와 코너 조인트로 PVC의 최대 약점인 열변형 완벽보완
- 표준 규격의 수치를 넘어선 인장력과 2단 프로파일 라인 형성
- ROTO사의 특수 힌지 장착으로 처짐현상 최소화
- 3중 잠금장치로 구성되어 뛰어난 방범기능

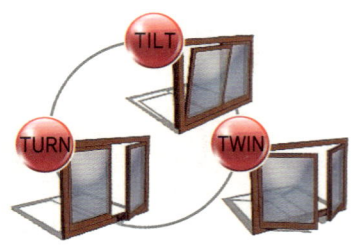

- 양쪽 창을 활짝 열 수 있어 확 트인 시야 확보와 환기의 최대화
- 중간 부분의 기둥이 없어도 밀폐가 확실하게 되는 기능성 창
- 개폐구가 일반형보다 2배 이상 커지므로 짐 운반에 용이함
- 외부 갤러리 창과 결합으로 한층 업그레이드된 기능성과 디자인 연출

- 바깥으로 여는 방식으로 내부 공간 활용 용이
- 오픈각도 60° 이상으로 환기 기능 우수
- 뛰어난 단열, 방음기능
- Only Tilt. 상부가 안쪽으로 15° 정도 기울어져 환기만 가능한 창으로 에너지 손실을 최소화하여 환기할 수 있다.

(3) 창호의 구성

창호는 창틀, 창짝, 유리로 구성되어 있으며 창틀과 창짝은 단열성과 외관에서 차별화가 이루어져 있다. 소재는 PVC 재질, 알루미늄 재질, 나무 재질 등으로 만들어 진다.

창틀과 창짝보다 단열에 영향을 미치는 것이 유리인데 유리는 장치산업으로 대기업에서만 제작하며 우리나라에서는 한국유리와 KCC가 독점 생산하고 있다.

KCC나 한글라스에서는 원판유리만을 생산하고 생산된 유리로 각 업체별로 단열성능을

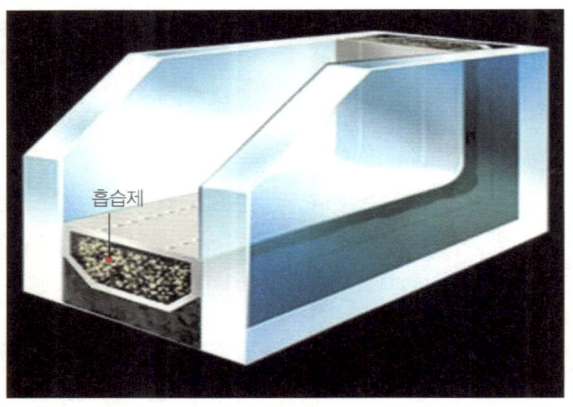

〈TPS 복층 유리〉

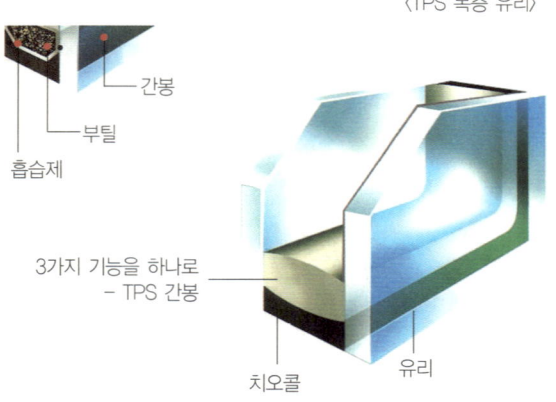

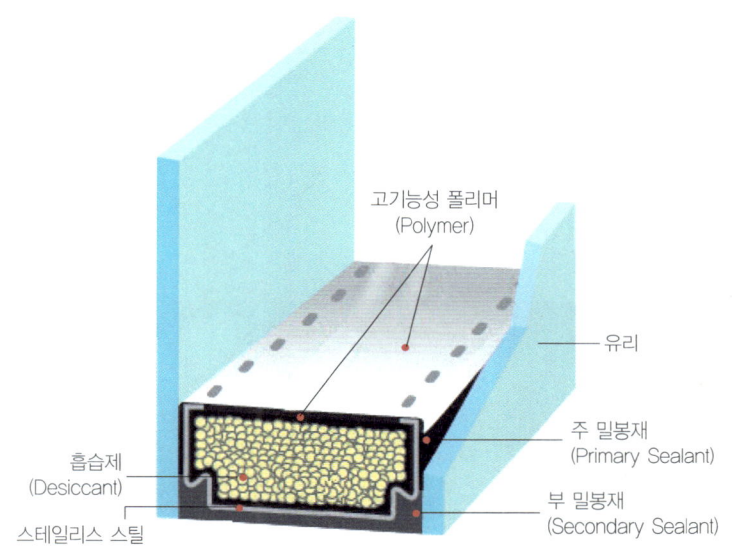

갖는 페어글라스(복층유리)를 만드는 것으로 업체에 따라, 가공방법에 따라 단열성능이 천차만별이라고 할 수 있다.

복층유리는 원판유리 2장을 붙여서 만드는데 유리와 유리 사이에 알루미늄 소재의 간봉을 사용하게 된다. 이때 알루미늄은 열전도체라서 단열에 취약하기 때문에 단열성능이 우수한 단열간봉을 사용하는데 업체마다 각각 다른 소재를 사용한다.

(4) 단열 간봉

알루미늄 간봉의 최대 단점인 높은 열전도율을 해결한 혁신적인 간봉으로, 기계적 강도와 내구성 및 내열성이 우수한 폴리아미드계 엔지니어링 플라스틱으로, 창호의 열상 성능검사 결과 알루미늄 간봉보다 우수한 단열성능을 보인다.

〈단열 스페이서〉

(5) 천창

■ 센터 회전식 피봇 지붕창

　FTP-V U3는 창 중심부에서 회전하는 피봇 지붕창이다. 창의 프레임은 2개층의 아크릴 도료로 코팅되어 있고, 밀폐 시스템과 실내에 신선하고 적절한 공기량을 자동으로 조절하는 자동 공기 인입구 〈V40P〉가 장착되어 있다.

개구부 크기(cm)	59x82	59x102
외부 프레임(cm)	55x78	55x98

설치각도 15°～90°

(6) 창호의 하자

창호에서 하자라 이야기되는 것은 창호의 유리 사이에 결로가 맺혀지는 현상을 말하며 창호의 표면에 결로가 맺히는 것은 창호의 물리적 결함이나 하자가 아니라 창호의 단열성능이 떨어지기 때문에 결로가 생긴다.

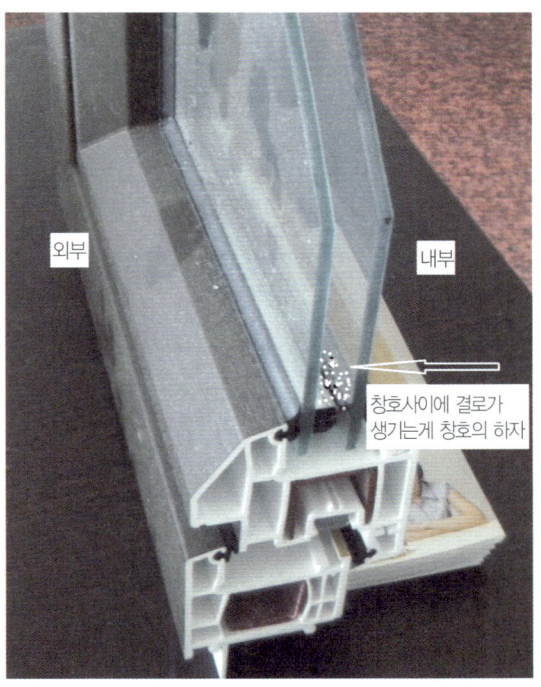

3. 창호 성능 지표

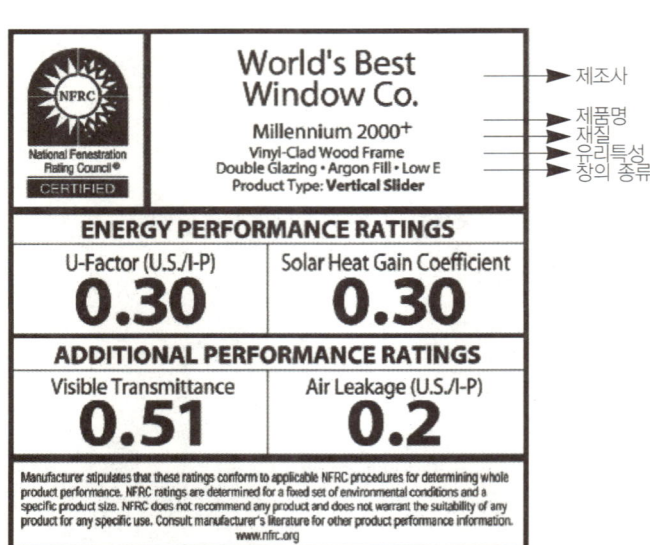

■ 미국 창문효율협의회(National Fenestration Rating Council) 기준

NFRC(미국 창문효율협의회, www.nfrc.org)는 창문제조자들의 제품에 효율을 측정하고 라벨링하는 제품인증제도 운영기관이다. NFRC 제품인증을 위해서는 먼저 NFRC 700을 다운받아 확인하고 제품카테고리를 선택하여 NFRC License 동의서에 서명하여 기타 서류와 함께 제출한다. NFRC가 서류 검토를 끝내면 'NFRC Certified Products Directory(CPD) participant database'에 등록되어 IA(Inspection Agency, NFRC 인증 검사기관)와 시험소에서 관련 사항을 확인할 수 있다. NFRC 지정 시험소에서 시험스케줄을 정하면 샘플을 시험소로 보내어 시험을 수행하고 성적서를 발급하며, NFRC의 검사원(IA)이 결과를 확인하고 적합성이 확인되면 Certification Authorization Report(CAR)를 발급한다. 인증이 완료되면 NFCR의 Certified Product Directory(CPD)에 등재되며 인증서는 4년간 유효하다.

(1) 가시광선 투과율(VLT, Visible light transmision)
- 0에서 1사이(1은 완전투과)
- 주택의 경우 0.6-0.7 범위(개인취향)

(2) 빛에너지 투과율(g-값, 일사획득계수, SHGC, solar heat gain coefficient)
- 0에서 1사이(1에 가까울수록 태양에너지가 많이 투과된다)
- 독일 PHI 기준 패시브하우스 경우 0.5 W/㎡ 이상

(3) 열관류율(U-value, V-factor)
- 단열효과
- 독일 PHI 기준 패시브하우스 0.8W/㎡K 이하

(4) 창호의 빛 투과
일사투과량이 높은 창호를 사용하는 경우 겨울에는 좋겠지만 여름의 경우에는 오히려 더워지게 되는데 이를 막기 위해 덧창 또는 창호그늘을 만들어 한여름의 뜨거운 복사에너지를 차단시켜 주는 것이 좋다.

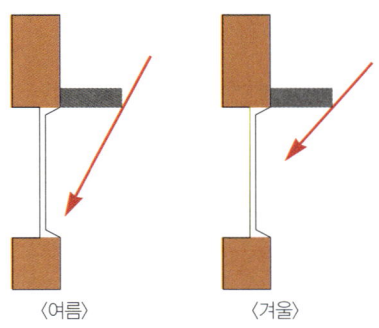
〈여름〉 〈겨울〉

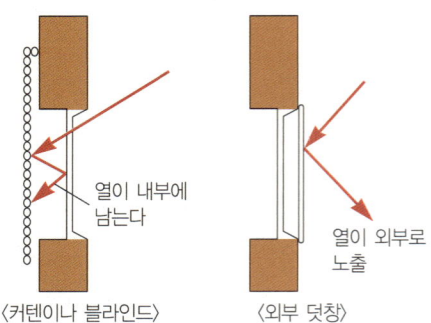

일반 사무공간의 경우 냉방에너지를 많이 사용하지만 주택의 경우에는 난방에너지를 많이 사용한다. 따라서 겨울에 빛(열)에너지를 내부로 더 들일 수 있는 창호 계획이 필요하다.

주택에서 커텐이나 블라인드를 설치하는 경우에도 빛(열) 에너지를 어떤 방식으로 받아들이는 가에 대한 계획을 세워야 한다. 효율적인 에너지 효과를 위한다면 여름에는 외부덧창(블라인드)으로 창호 외부에서 처리해 주어야 효율적인 처리가 된다.

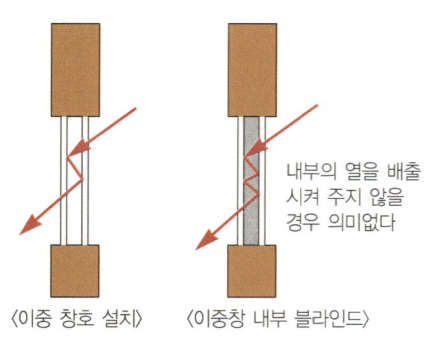

창호 내부에 블라인드를 설치하는 경우 빛(열) 에너지의 흐름에 관심을 가져야 한다. 창호 내부의 열을 배출시켜 줄 수 있는 방법을 모색해야 한다.

(5) 태양 고도에 따른 처마 길이

일반 주택의 경우에는 냉방 성능을 중요시하는 사무실과 달리 난방에너지를 더욱 중요시하며 실제 난방에너지를 더 많이 사용하게 된다. 따라서 난방에너지를 절감하기 위해

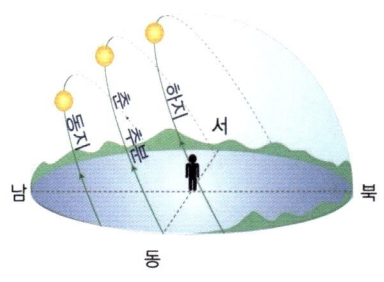

서는 내부에서 에너지를 소비하기 보다는 외부에서 들어오는 태양에너지를 활용하는 방법이 훨씬 효율적일 것이다.

과거 주택의 단열 자재가 발달하지 않았을 때에는 태양빛을 많이 받아들일 수 있는 남향집을 선호했던 중요한 이유이기도 하다.

한여름에는 뜨거운 태양빛을 차단시켜야 할 필요가 있겠지만 겨울에는 태양빛을 실내로 들이기 위한 창호 계획도 중요하게 생각해야 한다. 예컨대 남향으로 커다란 창을 낸다든지 남향으로 거실을 두고 커다란 거실 패티오 창을 통해 햇빛을 내부로 받아들일 수 있도록 해야겠다.

북쪽은 햇빛이 거의 들지 않기 때문에 가능하면 창문을 내지 않는 것이 좋다. 굳이 환기를 위한 경우에는 아주 작은 창문을 설치하고 차양 역시 빗물의 유입을 막는 정도면 충분하다.

	태양의 고도	
서울 경기 지역	여름 : 76° ~ 77°	겨울 : 29° ~ 30°
남부 지역	여름 : 75° ~ 76°	겨울 : 30° ~ 31°

(6) 창호 열관류율

우리나라에도 창호의 열관류율 값에 대한 표기 기준은 유리와 창틀을 한 개의 구조로 보고 전체의 평균값으로 표기하도록 되어 있다. 예를 들어 창틀의 열관류율은 2 W/㎡K 이고 유리의 열관류율은 0.5 W/㎡K 라고 한다면 이 둘을 따로 구분해서 기준을 정하지 않고 결합된 형태로 측정된 값을 표기한다.

이런 경우 창틀과 유리의 열관류값의 차이가 크다면 전체 창호의 측정값은 작을지라도 창틀에서 열교 현상이 집중되어서 결로가 발생할 수 있을 것이다.

■ 유리의 단열 성능

유리 종류	금 속 재				목 재		플라스틱	
	열교차단재 미적용		열교차단재 적용					
유리의 공기층 두께(mm)	6	12	6	12	6	12	6	12
복층 유리	4.49 (3.60)	3.80 (3.27)	3.60 (3.10)	3.30 (2.84)	3.30 (2.84)	3.00 (2.58)	3.30 (2.84)	3.00 (2.58)
복층 유리 (low-E)	3.70 (3.18)	3.20 (2.75)	3.10 (2.67)	2.60 (2.24)	2.90 (2.49)	2.40 (2.06)	2.90 (2.49)	2.40 (2.06)
복층 유리 (아르곤가스 주입)	4.00 (3.44)	3.70 (3.18)	3.37 (2.90)	3.20 (2.75)	3.10 (2.67)	2.90 (2.49)	3.10 (2.67)	2.90 (2.49)
복층 유리 (low-E, 아르곤가스 주입)	3.37 (2.90)	2.90 (2.49)	2.80 (2.41)	2.40 (2.06)	2.60 (2.24)	2.20 (1.89)	2.60 (2.24)	2.20 (1.89)
단창	6.60 (5.68)		6.10 (5.28)		5.30 (4.56)		5.30 (4.56)	

■ 열교차단재란?

창호의 금속프레임 외부 및 내부 사이에 설치되는 폴리염화비닐 등 단열성을 가진 재료를 칭하며, 외부로의 열흐름을 차단한다.

(7) 미국식 창호 열관류율 표기(U-Factor 국내 기준 환산)

> U-value(US기준) ×5.678 = U-value(SI 국제 표준단위)

수입창호 열관류율이 0.35인 경우

0.35 × 5.678 = 1.99 W/m²k 정도 된다.

※ W/m²k란 표면적이 1m²인 물체를 사이에 두고 온도차이가 1°C일 때 물체를 통한 열류량을 W(와트)로 측정한 값

(8) 창호의 기밀성

창호의 기밀성능은 차음성능과 관계가 깊다. 소리는 공기를 전달하기 때문이다.

국내 기준 KS F 2292:2008에 의하면 창호 전체 크기가 2m×2m인 경우에서 50cm×50cm만 개폐되는 구조나 2m×2m 전체가 개폐되는 경우에도 유리면적은 같은 값으로 계산하도록 하고 있다. 이것은 개폐되는 면적의 차이를 무시하였기 때문에 심각한 측정값의 오차가 있다.

우리나라는 기밀성을 표시할 때 m³/m²h 라는 단위를 사용한다. 즉, 시간당(h) 단위면적(m²)당 통과하는 공기의 누기량(m³)으로 표기하는데, 예컨대 0.5m³/m²h 이면 일등급의 우수한 창호이다(시간당 1m²의 면적을 0.5m³의 공기량이 통과한다).

그런데 어떤 창호의 실제 열리는 부분이 2m×m가 아니고 50cm×

cm라면 실제 이 창호의 개폐부를 2m×m로 확대하면 기밀성 값은 0.5㎥/㎡h가 아니고 0.5×(2×2)/(0.5×0.5) = 8㎥/㎡h가 되므로 엄청난 차이가 있다.

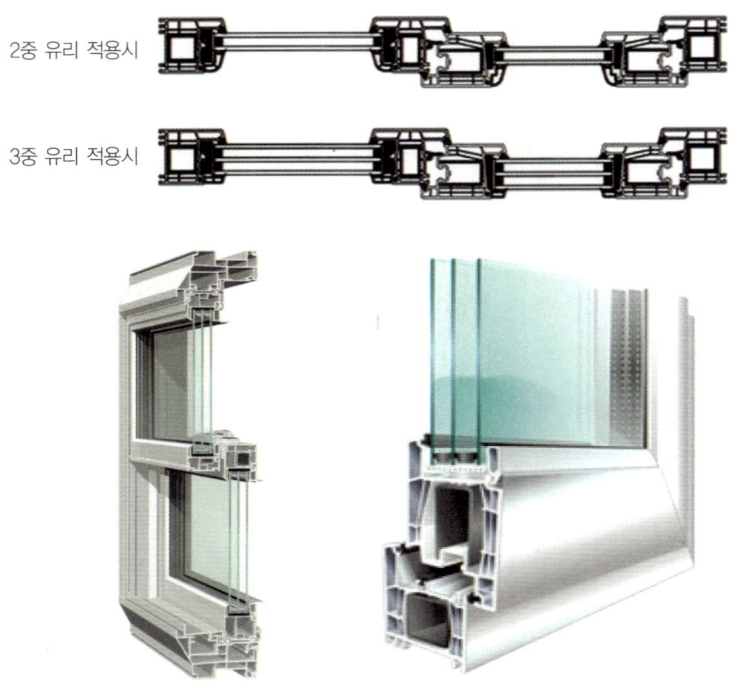

4. 창 및 문의 단열성능(건축물의 에너지절약 설계 기준)

[별표4] 창 및 문의 단열성능 (단위 : W/m²K)

창 및 문의 종류			창틀 및 문틀의 종류별 열관류율								
			금속재						플라스틱 또는 목재		
			열교차단재 미적용			열교차단재 적용					
유리의 공기층 두께(mm)			6	12	16이상	6	12	16이상	6	12	16이상
창	복층창	일반 복층창	4.0	3.7	3.6	3.7	3.4	3.3	3.1	2.8	2.7
		로이유리(하드코팅)	3.6	3.1	2.9	3.3	2.8	2.6	2.7	2.3	2.1
		로이유리(소프트코팅)	3.5	2.9	2.7	3.2	2.6	2.4	2.6	2.1	1.9
		아르곤 주입	3.8	3.6	3.5	3.5	3.3	3.2	2.9	2.7	2.6
		아르곤 주입 + 로이유리 (하드코팅)	3.3	2.9	2.8	3.0	2.6	2.5	2.5	2.1	2.0
		아르곤 주입 + 로이유리 (소프트코팅)	3.2	2.7	2.6	2.9	2.4	2.3	2.3	1.9	1.8
	삼중창	일반삼중창	3.2	2.9	2.8	2.9	2.6	2.5	2.4	2.1	2.0
		로이유리(하드코팅)	2.9	2.4	2.3	2.6	2.1	2.0	2.1	2.7	1.6
		로이유리 (소프트코팅)	2.8	2.3	2.2	2.5	2.0	1.9	2.0	1.6	1.5
		아르곤 주입	3.1	2.8	2.7	2.8	2.5	2.4	2.2	2.0	1.9
		아르곤 주입 + 로이유리 (하드코팅)	2.6	2.3	2.2	2.3	2.0	1.9	1.9	1.6	1.5
		아르곤 주입 + 로이유리 (소프트코팅)	2.5	2.2	2.1	2.2	1.9	1.8	1.8	1.5	1.4
	사중창	일반 사중창	2.8	2.5	2.4	2.5	2.2	2.1	2.1	1.8	1.7
		로이유리(하드코팅)	2.5	2.1	2.0	2.2	1.8	1.7	1.8	1.5	1.4
		로이유리(소프트코팅)	2.4	2.0	1.9	2.1	1.7	1.6	1.7	1.4	1.3
		아르곤 주입	2.7	2.5	2.4	2.4	2.2	2.1	1.9	1.7	1.6
		아르곤 주입 + 로이유리 (하드코팅)	2.3	2.0	1.9	2.0	1.7	1.6	1.6	1.4	1.3
		아르곤 주입 + 로이유리 (소프트코팅)	2.2	1.9	1.8	1.9	1.6	1.5	1.5	1.3	1.2
	단창		6.6			6.1			5.3		
문	일반문	단열두께 20mm 미만	2.7			2.6			2.4		
		단열두께 20mm 이상	1.8			1.7			1.6		
	유리문	단창문 유리비율 50% 미만	4.2			4.0			3.7		
		단창문 유리비율 50% 이상	5.5			5.2			4.7		
		복층창문 유리비율 50% 미만	3.2	3.1	3.0	3.0	2.9	2.8	2.7	2.6	2.5
		복층창문 유리비율 50% 이상	3.8	3.5	3.4	3.3	3.1	3.0	3.0	2.8	2.7
	방풍구조문		2.1								

5. 로이 코팅(Low-E, Low Emissivity)

로이 유리는 저방사 코팅법을 이용하여 유리의 표면에 아주 얇고 육안으로 잘 보이지 않는 금속막 또는 금속산화가 처리된 막을 입히는 방법으로 생산된다.

유리 표면에 금속 등의 물질 코팅으로 가시광선 투과율은 일반 유리와 비슷하지만, 적외선 반사율을 높여 실내외 온도차이가 클 경우 유리를 통한 열전달이 거의 없도록 제작된 기능성 유리다(금속 재료로 은(Ag)을 사용하기도 한다).

〈아르곤 가스와 로이 유리의 적용과 종류〉

겨울철에는 실내에서 발생되는 적외선을 반사하여 실내로 되돌려 보내고 여름철에는 실외의 태양열로부터 발생하는 복사열이 실내로 들어오는 것을 차단시켜 에너지의 약 25% 정도를 절약시켜 주는 것으로 알려져 있다.

6. 알곤 가스

(1) 알곤 가스(Argon gas)

단열복층유리의 단열성능을 강화시키기 위해 복층유리 사이에 알곤(Argon) 가스 또는 조금 더 효율이 좋은 크립톤(Krypton) 가스를 충진하여 열관류율을 개선시켜 냉난방 에너지를 절감할 수 있다. 가스복층유리는 복층유리의 내부와 외부 온도차이에 의한 열교환 현상을 억제하여 결로현상과 냉복사 현상을 감소시켜 창호의 단열성능을 강화시킨다.

알곤 가스는 무색, 무취, 비가연성, 비반응, 불활성 가스이다. 내부 공기층에 대류를 늦춤으로서 열손실을 방지하기 위한 역할을 하며 로이 코팅 유리에 사용하면 매우 효율적인 비용으로 단열 효과를 높일 수 있다.

로이 코팅하지 않는 일반 복층유리의 정지공기도 그 자체로 좋은 단열재이지만 알곤과 같은 가스를 주입하면 열전도와 대류를 줄임으로써 창호의 단열성능을 향상시킬 수 있는데 이런 현상은 가스의 밀도가 공기의 밀도보다 높기 때문이다. 다른 가스와 비교하면 알곤 가스는 뛰어난 단열성능 대비 가격도 저렴하기 때문에 많이 사용된다.

(2) 공기층의 폭

복층유리 단열성능에 영향을 미치는 또 다른 요인으로 유리 사이 공기층의 폭을 들 수 있는데 실험에 의하면 11mm~14mm일 때 최적의 알곤 가스 효과를 볼 수 있다.

(3) 가스의 자연누출

복층유리의 공간을 채우는데 여러 가지 기술이 있지만 모두 충진된 가스와 공기가 혼합된다. 일반적으로는 90%가 가스로 채워지는데 시간이 지남에 따라 연간 0.5~1% 정도 자연적으로 새어나가게 된다. 알곤 가스로 채워진 복층유리 내부는 75%의 가스 보전율을 보일 때까지는 단열성능이 저하되지 않는데 통상 20년 정도의 내구성을 갖는다는 것이 업체의 주장이다.

알곤 가스는 지속적인 가스의 누설이 발생하므로 영구적인 것은 아니다. 10년~20년까지 잔류하는 것으로 알려져 있는데 나라에 따라서 3년~5년까지 일정 잔류량을 보전할 것을 요구하기도 한다. 2010년에 단체표준이 규정되어 법제화가 진행 중에 있지만 여러 가지 문제점이 있으며, 가스 잔류량 문제 등으로 아직까지 논쟁이 분분하다.

(4) 기밀성능의 개선

가스 주입 복층유리의 기밀성능은 간봉의 종류, 부틸의 접착상태, 실란트의 종류와 접착상태 순으로 기밀성능을 개선할 수 있다. 기본

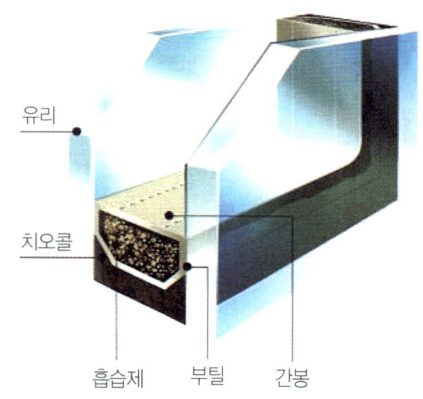

〈일반 복층 유리〉

적으로는 가스 주입 복층유리에 사용하는 간봉(Spacer)은 네 귀퉁이 모서리의 기밀이 중요한데 기밀성능이 좋은 간봉을 사용해야 하지만 일반 소비자로서는 알 길이 없다. 네 귀퉁이 모서리의 특별한 가공을 하지 않는 한, 가스 잔류율을 보증하기 어렵다.

7. 창호 단열 보강

(1) 창호 틈새 메꿈

 창호를 원활하게 시공하기 위해 창호가 들어설 벽체 자리를 여유 있는 치수로 뚫어주게 되는데 나중에 창호를 붙이고 나면 창호와 벽체 사이에 틈이 생긴다.

 창호 틈새 메꿈 작업에서 그라스울 단열재로 시공해 주는 경우에는 그라스울 단열재가 눌리지 않도록 하여 단열성능의 저하를 방지해 주어야 하는데 시공자가 제대로 신경쓰지 않으면 완벽한 단열 시공을 해 주기가 어렵다. 창호 틈새작업 전용 우레탄폼을 사용하는 것이 가장 이상적인 시공방법이 되겠다.

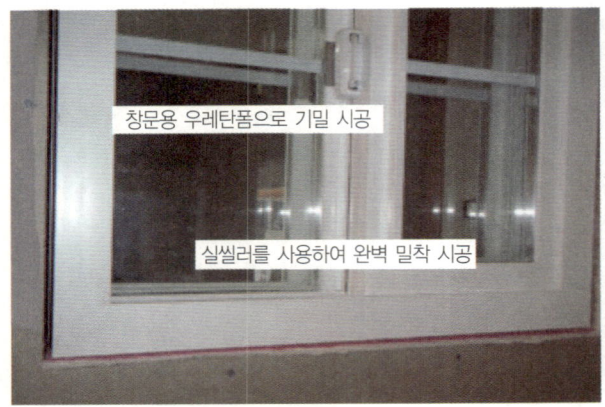

(2) 외부 덧문 설치

외부 덧문은 창호의 부족한 단열을 위한 보강도 되지만 주택의 외부 디자인을 위해서도 바람직한 단열성능 보강 시공방법이다.

제 7 장

목구조 외단열 주택

1. 외단열 공법
2. 외단열 마감재의 종류
3. 주택 외단열
4. 접합 방식에 따른 구분
5. 단열재 접착

제7장

목구조 외단열 주택

1. 외단열 공법

(1) 주택 자재별 열전도율

조적식 벽돌, 철근 콘크리트, 황토벽돌처럼 벽체가 두꺼워야 단열도 좋고 집도 튼튼하다는 것이 대부분의 생각이다. 하지만 주택 자재의 단열성능을 고려하면 결코 두껍다고 단열성능이 좋다고 보장할 수 없음을 알아야 한다. 벽체 두께가 건축면적에 함께 산정되므로 벽

■ 건축자재 종류별 열전도율

종류	열전도율(W/mk 20°C)	비고
황토벽돌주택	0.204	밀도 : 2,250(kg/m³)
흙다짐집	0.580	밀도 : 1,800(kg/m³)
벽돌집(조적)	0.380	일반시멘트벽돌 기준
콘크리트주택	1.630	단열성능 저하로 외벽 단열재 종류와 두께에 따라 단열 성능 차이
ALC블럭집	0.092	
통나무주택	0.140	
목조주택	0.044	그라스울 8(kg/m³) 기준

체 두께가 두꺼울수록 건축면적에서 손해를 보게 된다(통상 벽체두께가 10㎝ 두꺼워질 때마다 1평씩 손해).

(2) 목조, 최고의 단열재

위 건축자재별 열전도율에서 보듯이 건축자재로서 가장 낮은 열전도율을 보이는 건축물은 목조주택이다. 막연하게 생각하고 판단하는 것보다 이미 단열성능이 검증되어 있는 만큼 건축자재별 열전도율을 살펴봐야 할 필요가 있을 것이다.

목조주택에 사용되고 있는 단열재 그라스울은 황토벽돌에 비해 5배, 통나무주택에 비해 3배 더 좋은 단열성능을 보이는데, 그만큼 벽체 두께가 얇아질 수 있다. 또한 2013년 9월부터 주택에서 단열성능이 강화되어 국내 목조주택 현장에서 사용되고 있는 그라스울 24kg/m^{3}은 열전도율 0.035를 나타낸다.

(3) 외단열을 하는 이유

콘크리트 주택이나 조적식 벽돌 주택같이 단열성능이 보이지 않는 주택을 짓는 경우 주택을 구성하는 벽체의 내부 또는 외부에 단열을 보강할 수밖에 없는데 내부에 단열을 덧대는 방법은 벽체의 결로와 환기 때문에 대부분 외단열을 선택하게 된다.

외단열이란 외벽체 위에 스티로폼(비드법단열재) 등의 단열재를 추가해서 붙이고 그 위에 스타코(플렉스 또는 테라코플렉스텍스) 등으로 마감작업을 하여 벽체의 추가 단열을 하는 방법을 말한다.

(4) 외단열 공법이란

콘크리트, 경량콘크리트, 조적조(블럭조) 주택에서 단열을 보강하기 위한 외부 단열 공법을 말한다.

영문으로는

EIFS(Exterior insulation finishing system)

ETICS(Exterior thermal insulation composite system)

외부에 덧대는 단열재에 따라 주택의 단열 성능이 좌우된다.

(5) 관련규정

(가) 우리나라의 외단열 비장 마감공법 관련 규정

    KS F 4715 얇은 마무리용 벽바름재

    KS F 4716 시멘트계 바탕바름재

    KS F 4910 건축용 실링재

    KS L 5201 포클랜드 시멘트

    KS M 3808 발포 폴리스티렌 보온재

(나) 외단열로 설치된 건축물의 바닥면적 산정(건축법시행령 제19조)

건축법상 바닥면적의 산정은 단열재가 설치된 외벽 중 내측 내력벽의 중심선을 기준으로 산정한 면적을 바닥면적으로 하지만 외단열로 설치된 건축물의 건축면적 산정(건축법시행규칙)에서는 단열재 두께를 제외하고 건축물의 외벽 중 내측 내력벽의 중심선을 기준으로 산정하도록 하고 있다.

따라서 외단열 공법을 선택한 경우, 단열재 두께와 관계없이 건축면적이 산정됨에 따라 패시브하우스 등 고단열 건축물의 건축면적 산정 시 손해를 보지 않는다.

2. 외단열 마감재의 종류

(1) 비드법 보온판

 통상 EPS로 통용되는 단열재이며 스티로폼이라고 불리우는데 스티로폼은 상호명이므로 도면에는 반드시 EPS 단열재 또는 비드법 단열재라고 기재되어야 한다. 밀도에 따라 등급을 구별하며 통상 30kg/㎥이 가장 단단하고 열전도 특성도 뛰어나다.

 비드법 단열재는 '비드'라고 하는 것을 발포시켜 만들기 때문에 붙여진 이름이고 비드법 단열재의 밀도는 이 '비드'를 어떤 크기로 발포하는가에 달려있다. 비드의 크기가 클수록 호수가 커진다(비드법 4호보다 1호가 작다).

종류	밀도 (kg/㎥)	열전도율(W/mk)		흡수량 (g/100㎠)	연소성
		비드법1종	비드법2종		
1호	30 이상	0.036 이하	0.031 이하	1.0 이하	연소 시간 120초 이내이며, 연소 길이 60mm 이하일것
2호	25 이상	0.037 이하	0.032 이하		
3호	20 이상	0.040 이하	0.033 이하		
4호	15 이상	0.043 이하	0.034 이하	1.5 이하	

비드법1종과 비드법2종이 있는데 비드법2종은 비드법1종의 제조방법과 유사하나 첨가제 등에서 질을 개선한 폴리스티렌 원료를 첨가한 것을 말한다.

(2) 폴리우레탄 보드

폴리우레탄 보드는 poluol과 ioscyanate를 주원료로 사용하고 여기에 화학적, 물리적 발포제 및 기타 첨가제를 배합후 반응시켜 foam화시킨 제품으로 유공레자, 다양한 색상의 fabric을 부착하여 사용할 수 있다.

1000×2000×(25T, 50T)

내열성, 단열성, 내약품성, 내후성 등이 우수하고 충격흡수성, 신장력과 내마찰성이 크다. 착색가공이 자유롭고 접착이 쉬운 장점이 있다.

(3) 일반 암면(미네랄울) 보드

바인더를 극소화 하여 만든 미네랄울 보드 제품은 다른 보온재에 비해 유연성과 시공이 쉽다. 이중 보온 시스템에서 고온부위 또는 내화 내열 부분에 사용되며 사용온도의 범위가 600℃로 넓다.

밀도 (kg/m²)	표준 규격			열전도율		열간수축온도(℃)
	두께(mm)	너비(m)	길이(m)	20±5℃(참고값)	70±5℃	
50	50	0.5	1	0.038(0.033) 이하	0.049(0.042) 이하	400 이상

(4) 스카이텍

스카이텍은 다공질의 섬유상의 E-Glass Fiber를 모재로 하여 투습방수 기능이 추가된 ALGC(Aluminum Glass Cloth)를 상부 마감재로, 하부에는 알루미늄을 사용하여 복사열 차단 효과를 극대화한 완전 불연성을 지닌 투습 방수 열반사단열재이다. 고기밀 고단열 시스템으로 내열온도 850℃의 불연재이고 열전도율은 $0.034W/m^2k$ 이다.

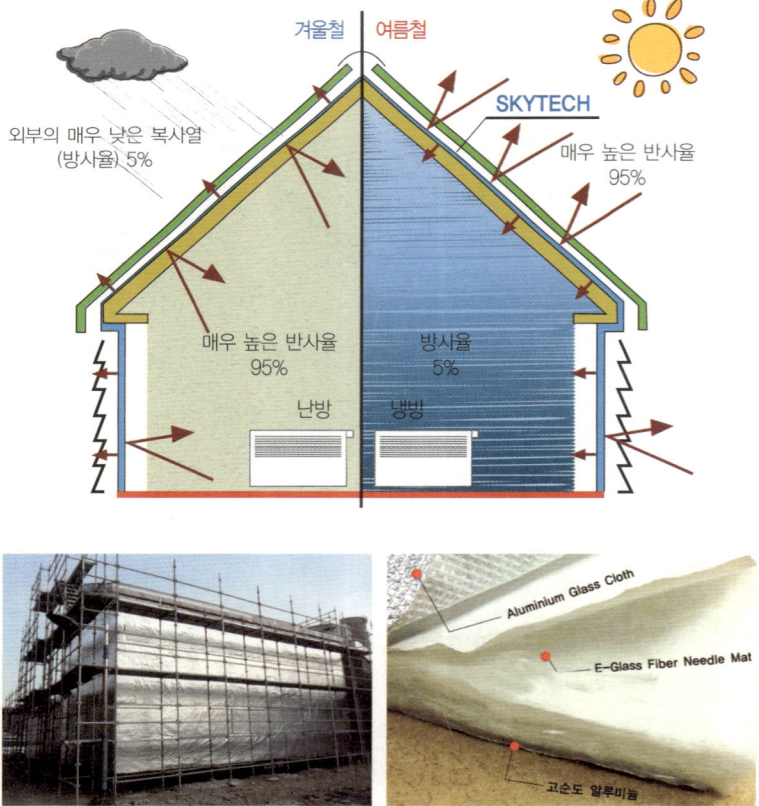

3. 주택 외단열

(1) 목조주택 외단열의 필요성

목조주택에서 단열재로 사용하고 있는 그라스울의 열전도율은 0.044W/㎡k이고 나무의 열전도율은 0.14W/㎡k로 두 개 자재의 열전도율 차이가 약 3배 정도 된다. 이런 차이는 목조주택을 완성했을 때 목재가 사용되는 외벽체에서 단열 성능의 차이에 따른 열교현상을 막을 수 없게 되고 이 부분에서 단열성이 떨어진다.

코너, 베커, 헤더, 벽체와 서까래가 만나는 부분 등에서 문제가 발생하며 이런 부분적인 단열 저하를 막을 수 있는 가장 효과적인 처방책은 보조 단열로 외단열이 대표적이다.

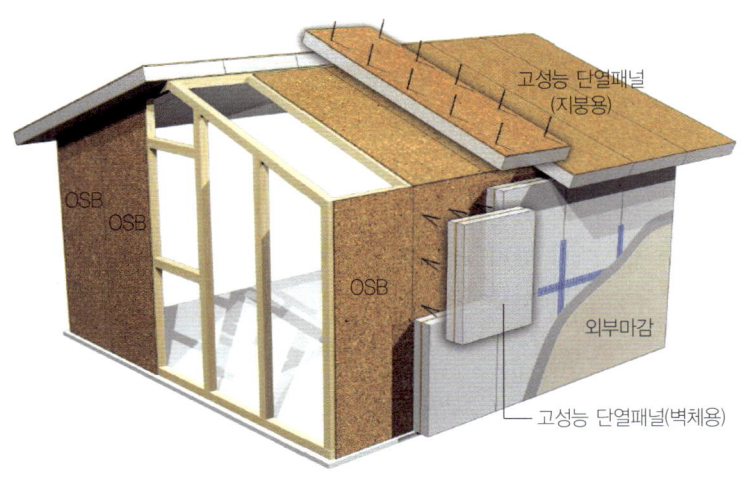

(2) 완벽한 주택 단열을 위한 기준

㈎ 단열을 위한 세심한 시공능력

㈏ 철저한 기밀 시공

㈐ 폐열회수 환기 시스템

㈑ 고성능 3중 창호의 사용

㈒ 자연채광의 활용

(3) 스타코(Stucco)

스타코의 사전적 의미는 시멘트, 석회, 모래를 혼합해서 만든 외부용 플라스터로 스타코, 스터코(미국, 영국), 스투코(이태리) 등으로 발음한다. 건물의 천장 기둥 벽면을 덮어 칠하는 화장도료를 말하며 소석회 또는 석고를 주재료로 대리석가루, 점토분 등을 섞어서 만든다.

오늘날에는 포클랜드 시멘트 또는 아크릴을 사용한 제품도 스타코의 일종으로 간주되며 흙손 바르기로 성형이 가능한 가소성 재료로서 굳으면 외부 표면이 단단한 피복면이 되는 마감재의 총칭이 되었다.

별다른 관리 없이 수명이 길고 내화성, 어떤 기후 조건에도 잘 견디는 내구성과 다양한 색상표현이 가능하여 현대적 감각에 잘 어울리는 세련된 장식성이 커다란 장점이다.

스타코가 천연 광물질인 라임과 시멘트 재료인 반면 최근에는 인위적인 합성재료인 아크릴 베이스 스타코가 전통적인 라임스카코와 시멘트스타코를 대체하면서 대중화 되고 있다.

라임(시멘트)스타코가 양생의 과정이 필요한 반면 아크릴스타코는 건조의 과정이 필요하다. 따라서 각 재료를 시공함에서는 외부 환경과 요구조건을 파악하기 위해서 우선 두 재료의 차이점을 이해하는 것이 필요하다.

　전통적인 라임(시멘트)스타코는 남부 캘리포니아에서 선호하는 반면, 아크릴스타코는 포틀랜드, 시애틀, 밴쿠버 등 서부해안 지역과 동부에서 선호하고 있다. 이는 기존 시멘트스타코가 습도와 온도의 차이가 적은 곳에서 주로 사용되며 아크릴스타코는 습도와 온도의 차이가 심한 지역에서도 널리 사용될 수 있기 때문이다. 유럽은 전통적으로 라임스타코를 많이 사용해왔지만 최근에는 아크릴스타코의 사용이 늘고 있다.

　비슷한 의미로 플라스터(Plaster)가 있으며 보통 실내 벽, 천장 표면을 마감하는데 사용된다.

(4) HIP 외단열 시스템

■ HIP(High Insulated Panels)이란?

합성목재(OSB) 또는 무기경량보드와 단열판(Insulated Board)를 이용하여 만든 고성능 외단열 패널

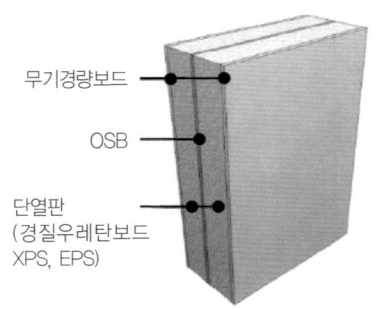

■ HIP-F

외부 마감까지 한 번에 시공이 가능한 외단열 벽체패널(외무마감 : 세라믹코팅 도장)

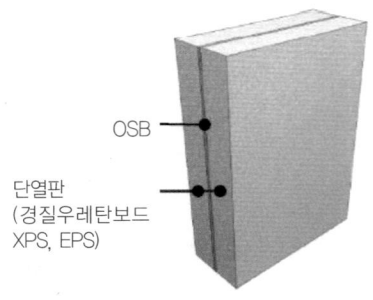

■ HIP-O

기존 목구조 또는 철구조의 OSB합판 위에 시공하며 외부 마감이 자유로운 외단열 벽체 패널

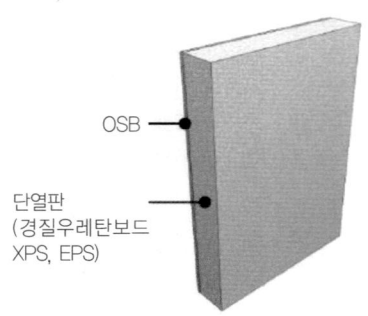

■ HIP-R

외단열 지붕용 패널

■ HIP-시스템 공법은?

이미 시공된 목구조와 스틸(철)구조에 HIP(고성능단열패널)를 전용철물 및 전용피스를 사용하여 고정하는 단열성과 기밀성이 뛰어난 외단열 벽체 및 지붕 시스템 공법이다.

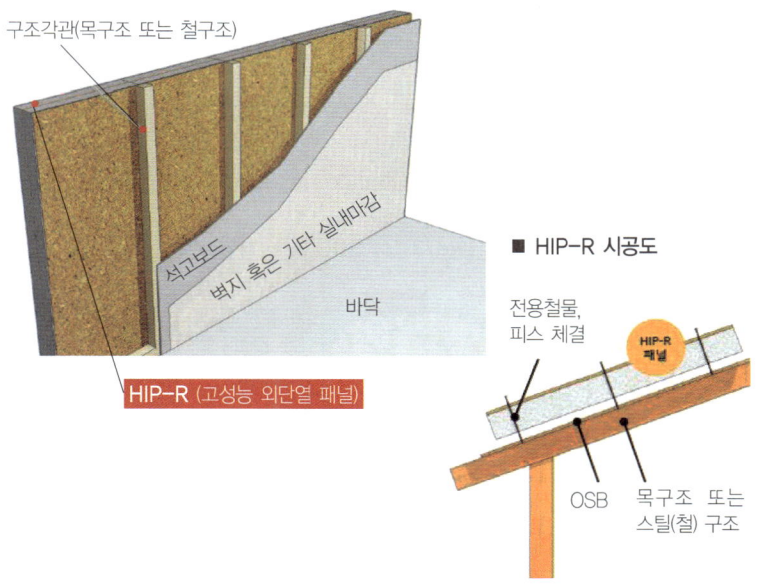

4. 접합 방식에 따른 구분

(1) 접착제 고정

접착 모르타르는 단열재의 40% 이상 사방으로 돌아가며 접착제를 붙이고 중간에 몇 군데 더 첨가하여 공기층을 없애야 한다. 접착 시공 불량으로 EPS가 떨어져 나간 모습이다.

(2) 접착제 + 외단열 고정못(화스너) 고정

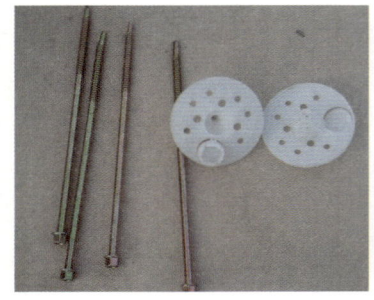
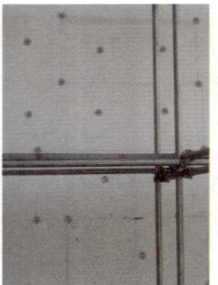

(3) 화스너에 의한 점형열교 현상

화스너는 철물로 만들어졌고 철은 열전도체인 관계로 내부의 열이 철물을 타고 외부로 누출되어 외벽에 화스너 위치에 점형열교 현상을 발생시킨다. 따라서 화스너 노출부위에 대한 단열 처리를 해 주어야 한다.

(4) 반드시 필요한 중간 공기층

목조주택에서 스타코를 시공하기 전에 공기층(레인스크린)을 설치하고 OSB에 투습방수지(타이벡)를 반드시 시공해 주어야한다.

스타코의 외부단열재로 사용되는 EPS가 머금은 습기와 주택 벽체 나무에서 자연스럽게 생기는 습기를 배출시켜주지 않는 경우 벽체가 상하는 것을 방지할 수 없기 때문이다.

5. 단열재 접착

(1) 접착 조건
(가) 단열재의 접착은 영상 5℃ 이상
(나) 비나 눈이 오면 안 된다.

(2) 외단열 접착
(가) 접착 몰탈을 테두리에 모두 바르고 내부에 3~4개 덩어리 형태로 발라주어야 한다.
(나) 테두리 접착제 폭은 50mm 이상
(다) 접착된 면이 전체 단열재 면적의 40% 이상
(라) 만약 외단열 마감에 타일 또는 모노코트와 같이 두꺼운 마감이 되어야 한다면 접착면은 전체 단열재 면적의 60% 이상이어야 한다.
(마) 접착제 두께는 최소 10mm 이상 발라져야 접착 후 레벨을 맞출 수 있다.
(바) 우리나라는 테두리와 중앙에 접착제를 모두 발라야 한다는 규정만 있고 접착면적에 대한 규정은 없다. 또한 접착 두께에 대한 규정도 없다.

최근에는 비드법 단열재와 폴리우레탄 보드를 접착하기 위한 폴리우레탄폼 접착제가 있다.

(3) 외단열 고정못이 반드시 필요한 이유

건축물에서 외부에 바람이 불 때 건물에는 양압과 부압이 동시에 생기는데 건물 내부에서 외부로 향하는 힘을 부압이라고 한다. 이 부압이 외벽에 붙여진 단열재를 밀어내어 탈락시키는 힘으로 작용한다.

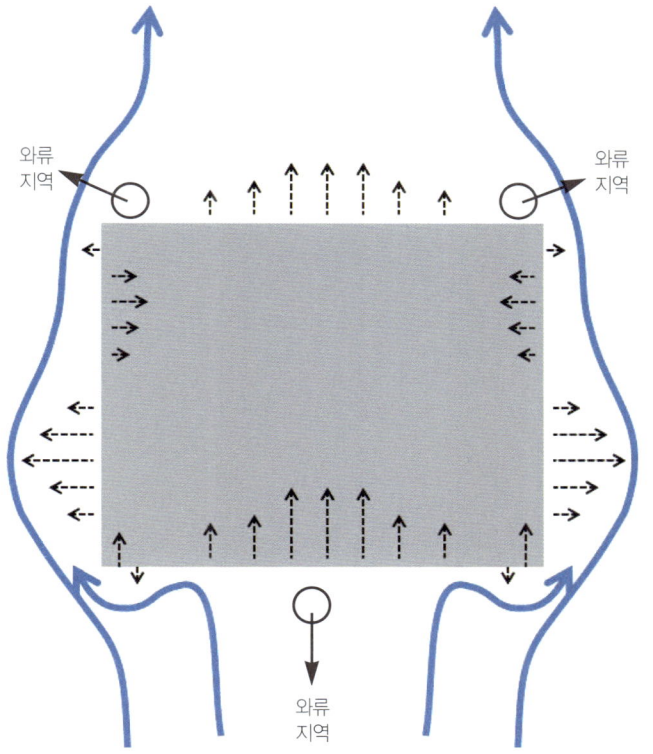

〈출처 : 한국패시브건축협회〉

부록

건축물의 에너지절약 설계기준
− 국토교통부 고시 2013.10.1 −

부록

건축물의 에너지절약 설계기준

[시행 2013.10.1] [국토교통부고시 제2013-587호, 2013.10.1, 일부개정]

국토교통부(녹색건축과), 044-201-3771

제1장 총칙

제1조(목적)

이 기준은 「녹색건축물 조성 지원법」(이하 "법"이라 한다) 제14조, 제15조, 같은 법 시행령(이하 "영"이라 한다) 제10조, 제11조 및 같은 법 시행규칙(이하 "규칙"이라 한다) 제7조의 규정에 의한 건축물의 효율적인 에너지 관리를 위하여 열손실 방지 등 에너지절약 설계에 관한 기준, 에너지절약계획서 및 설계 검토서 작성기준, 녹색건축물의 건축을 활성화하기 위한 건축기준 완화에 관한 사항 등을 정함을 목적으로 한다.

제2조(건축물의 열손실방지 등)

① 건축물을 건축하거나 대수선, 용도변경 및 건축물대장의 기재내

용을 변경하는 경우에는 다음 각 호의 기준에 의한 열손실방지 등의 에너지이용합리화를 위한 조치를 하여야 한다.

1. 거실의 외벽, 최상층에 있는 거실의 반자 또는 지붕, 최하층에 있는 거실의 바닥, 바닥난방을 하는 층간 바닥, 창 및 문 등은 별표1의 열관류율 기준 또는 별표3의 단열재 두께 기준을 준수하여야하고, 단열조치 일반사항 등은 제6조의 건축부문 의무사항을 따른다. 다만, 열손실의 변동이 없는 증축, 대수선, 용도변경 및 건축물대장의 기재내용을 변경하는 경우에는 관련 조치를 하지 아니할 수 있다.
2. 건축물의 배치·구조 및 설비 등의 설계를 하는 경우에는 에너지가 합리적으로 이용될 수 있도록 한다.

② 다음 각 호의 어느 하나에 해당하는 건축물 또는 공간에 대해서는 제1항제1호를 적용하지 아니할 수 있다. 다만, 냉·난방 설비를 설치할 계획이 있는 건축물 또는 공간은 제1항제1호를 적용하여야 한다.

1. 창고·차고·기계실 등으로서 거실의 용도로 사용하지 아니하고, 냉·난방 설비를 설치하지 아니하는 건축물 또는 공간
2. 냉·난방 설비를 설치하지 아니하고 용도 특성상 건축물 내부를 외기에 개방시켜 사용하는 등 열손실 방지조치를 하여도 에너지절약의 효과가 없는 건축물 또는 공간

제3조(에너지절약계획서 제출 예외대상 등)

① 영 제10조제1항에 따라 에너지절약계획서를 첨부할 필요가 없는 건축물은 다음 각 호와 같다.

1. 「건축법 시행령」별표1 제13호에 따른 운동시설 중 냉방 또는 난방 설비를 설치하지 아니하는 건축물

2. 「건축법 시행령」별표1 제16호에 따른 위락시설 중 냉방 또는 난방 설비를 설치하지 아니하는 건축물

3. 「건축법 시행령」별표1 제27호에 따른 관광 휴게시설 중 냉방 또는 난방 설비를 설치하지 아니하는 건축물

② 영 제10조제1항에서 "연면적의 합계"는 다음 각 호에 따라 계산한다.

1. 같은 대지에 모든 바닥면적을 합하여 계산한다.

2. 주거와 비주거는 구분하여 계산한다.

3. 증축이나 용도변경, 건축물대장의 기재내용을 변경하는 경우 이 기준을 해당 부분에만 적용할 수 있다.

4. 연면적의 합계 500제곱미터 미만으로 허가를 받거나 신고한 후 「건축법」 제16조에 따라 허가와 신고사항을 변경하는 경우에는 당초 허가 또는 신고 면적에 변경되는 면적을 합하여 계산한다.

5. 주차장, 기계실 면적은 제외한다.

③ 영 제10조제1항제3호 및 제1항의 건축물 중 냉난방을 하는 공간

의 연면적의 합계가 500제곱미터 미만인 경우에는 에너지절약계획서를 제출하지 아니한다.

제4조(적용예외)

다음 각 호에 해당하는 경우 이 기준의 전체 또는 일부를 적용하지 않을 수 있다.

1. 지방건축위원회 또는 관련 전문 연구기관 등에서 심의를 거친 결과, 새로운 기술이 적용되거나 연간 단위면적당 에너지소비총량에 근거하여 설계됨으로써 이 기준에서 정하는 수준 이상으로 에너지절약 성능이 있는 것으로 인정되는 건축물의 경우에는 제15조를 적용하지 아니할 수 있다.

2. 건축물 에너지 효율등급 인증 3등급 이상을 취득하는 경우와 「주택법」 제16조제1항에 따라 사업계획 승인을 받아 건설하는 주택으로서 「주택건설기준 등에 관한 규정」 제64조제3항에 따라 「친환경주택의 건설기준 및 성능」에 적합한 경우는 제15조를 적용하지 아니할 수 있다. 다만, 공공기관이 신축하는 건축물은 그러하지 아니한다.

3. 건축물의 기능·설계조건 또는 시공 여건상의 특수성 등으로 인하여 이 기준의 적용이 불합리한 것으로 규칙 제7조제2항에 따른 에너지절약계획서 검토 전문기관이 인정하는 경우에는 지방건축위원회의 심의를 거쳐 이 기준의 해당 규정을 적용하지 아니할 수 있다.

4. 건축물을 증축하거나 용도변경, 건축물대장의 기재내용을 변경하는 경우에는 제15조를 적용하지 아니할 수 있다. 다만, 별동으로 건

축물을 증축하는 경우에는 그러하지 아니한다.

5. 허가 또는 신고대상의 같은 대지 내 주거 또는 비주거를 구분한 제3조제2항에 따른 연면적의 합계가 500제곱미터 이상이고 전체 연면적의 합계가 2천제곱미터 미만인 건축물 중 개별 동의 연면적이 500제곱미터 미만인 경우에는 제15조를 적용하지 아니할 수 있다.

6. 열손실의 변동이 없는 증축, 용도변경 및 건축물대장의 기재내용을 변경하는 경우에는 별지 제1호 서식 에너지절약 설계 검토서를 제출하지 아니할 수 있다.

7. 「건축법」 제16조에 따라 허가와 신고사항을 변경하는 경우에는 변경하는 부분에 대해서만 규칙 제7조에 따른 에너지절약계획서 및 별지 제1호 서식에 따른 에너지절약 설계 검토서(이하 "에너지절약계획서 및 설계 검토서"라 한다)를 제출할 수 있다.

제5조(용어의 정의)

이 기준에서 사용하는 용어의 뜻은 다음 각 호와 같다.

1. "의무사항"이라 함은 건축물을 건축하는 건축주와 설계자 등이 건축물의 설계 시 필수적으로 적용해야 하는 사항을 말한다.

2. "권장사항"이라 함은 건축물을 건축하는 건축주와 설계자 등이 건축물의 설계 시 선택적으로 적용이 가능한 사항을 말한다.

3. "건축물에너지 효율등급 인증"이라 함은 국토교통부와 산업통상자원부의 공동부령인 「건축물의 에너지효율등급 인증에 관한 규칙」에 따라 인증을 받는 것을 말한다.

4. "녹색건축인증"이라 함은 국토교통부와 환경부의 공동부령인 「녹색건축의 인증에 관한 규칙」에 따라 인증을 받는 것을 말하며, "신·재생에너지 이용 건축물 인증"이라 함은 국토교통부와 산업통상자원부의 공동부령인 「신·재생에너지 이용 건축물인증에 관한 규칙」에 따라 인증을 받는 것을 말한다.

5. "고효율에너지기자재인증제품"(이하 "고효율인증제품"이라 한다)이라 함은 산업통상자원부 고시 「고효율에너지기자재 보급촉진에 관한규정」(이하 "고효율인증규정"이라 한다)에서 정한 기준을 만족하여 에너지관리공단에서 인증서를 교부받은 제품을 말한다.

6. "완화기준"이라 함은 「건축법」, 「국토의 계획 및 이용에 관한 법률」 및 「지방자치단체 조례」등에서 정하는 조경설치면적, 건축물의 용적률 및 높이제한 기준을 적용함에 있어 완화 적용할 수 있는 비율을 정한 기준을 말한다.

7. "예비인증"이라 함은 건축물의 완공 전에 설계도서 등으로 인증기관에서 건축물 에너지 효율등급 인증, 녹색건축인증 또는 신·재생에너지 이용 건축물 인증을 받는 것을 말한다.

8. "본인증"이라 함은 신청건물의 완공 후에 최종설계도서 및 현장확인을 거쳐 최종적으로 인증기관에서 건축물 에너지 효율등급 인증, 녹색건축인증 또는 신·재생에너지 이용 건축물 인증을 받는 것을 말한다.

9. 건축부문

  가. "거실"이라 함은 건축물 안에서 거주(단위 세대 내 욕실·화

장실·현관을 포함한다)·집무·작업·집회·오락 기타 이와 유사한 목적을 위하여 사용되는 방을 말하나, 특별히 이 기준에서는 거실이 아닌 냉방 또는 난방공간 또한 거실에 포함한다.
나. "외피"라 함은 거실 또는 거실 외 공간을 둘러싸고 있는 벽·지붕·바닥·창 및 문 등으로서 외기에 직접 면하는 부위를 말한다.
다. "거실의 외벽"이라 함은 거실의 벽 중 외기에 직접 또는 간접 면하는 부위를 말한다. 다만, 복합용도의 건축물인 경우에는 해당 용도로 사용하는 공간이 다른 용도로 사용하는 공간과 접하는 부위를 외벽으로 볼 수 있다.
라. "최하층에 있는 거실의 바닥"이라 함은 최하층(지하층을 포함한다)으로서 거실인 경우의 바닥과 기타 층으로서 거실의 바닥 부위가 외기에 직접 또는 간접적으로 면한 부위를 말한다. 다만, 복합용도의 건축물인 경우에는 다른 용도로 사용하는 공간과 접하는 부위를 최하층에 있는 거실의 바닥으로 볼 수 있다.
마. "최상층에 있는 거실의 반자 또는 지붕"이라 함은 최상층으로서 거실인 경우의 반자 또는 지붕을 말하며, 기타 층으로서 거실의 반자 또는 지붕 부위가 외기에 직접 또는 간접적으로 면한 부위를 포함한다. 다만, 복합용도의 건축물인 경우에는 다른 용도로 사용하는 공간과 접하는 부위를 최상층에 있는

거실의 반자 또는 지붕으로 볼 수 있다.
바. "외기에 직접 면하는 부위"라 함은 바깥쪽이 외기이거나 외기가 직접 통하는 공간에 면한 부위를 말한다.
사. "외기에 간접 면하는 부위"라 함은 외기가 직접 통하지 아니하는 비난방 공간(지붕 또는 반자, 벽체, 바닥 구조의 일부로 구성되는 내부 공기층은 제외한다)에 접한 부위, 외기가 직접 통하는 구조이나 실내공기의 배기를 목적으로 설치하는 샤프트 등에 면한 부위, 지면 또는 토양에 면한 부위를 말한다.
아. "방풍구조"라 함은 출입구에서 실내외 공기 교환에 의한 열출입을 방지할 목적으로 설치하는 방풍실 또는 회전문 등을 설치한 방식을 말한다.
자. "기밀성 창호", "기밀성 문"이라 함은 창호 및 문으로서 한국산업규격(KS) F 2292 규정에 의하여 기밀성 등급에 따른 기밀성이 1~5등급(통기량 5㎥/h · ㎡ 미만)인 창호를 말한다.
차. "외단열"이라 함은 건축물 각 부위의 단열에서 단열재를 구조체의 외기측에 설치하는 단열방법으로서 모서리 부위를 포함하여 시공하는 등 열교를 차단한 경우를 말하며, 외단열 설치 비율은 단열시공이 되는 외벽면적(창호제외)에 대한 외단열 시공 면적비율을 말한다. 단, 전체 외벽 면적에 대한 창면적비가 50% 미만일 경우에 한하여 외단열 점수를 부여한다.
카. "방습층"이라 함은 습한 공기가 구조체에 침투하여 결로발생의 위험이 높아지는 것을 방지하기 위해 설치하는 투습도가

24시간당 30g/㎡ 이하 또는 투습계수 0.28g/㎡ · h · mmHg 이하의 투습저항을 가진 층을 말한다.(시험방법은 한국산업 규격 KS T 1305 방습포장재료의 투습도 시험방법 또는 KS F 2607 건축 재료의 투습성 측정 방법에서 정하는 바에 따른다) 다만, 단열재 또는 단열재의 내측에 사용되는 마감재가 방습층으로서 요구되는 성능을 가지는 경우에는 그 재료를 방습층으로 볼 수 있다.

타. "야간단열장치"라 함은 창의 야간 열손실을 방지할 목적으로 설치하는 단열셔터, 단열덧문으로서 총열관류저항(열관류율의 역수)이 0.4㎡ · K/W 이상인 것을 말한다.

파. "평균 열관류율"이라 함은 지붕(천창 등 투명 외피부위를 포함하지 않는다), 바닥, 외벽(창 및 문을 포함한다) 등의 열관류율 계산에 있어 세부 부위별로 열관류율값이 다를 경우 이를 면적으로 가중평균하여 나타낸 것을 말한다. 단, 평균열관류율은 중심선 치수를 기준으로 계산한다.

하. 별표1의 창 및 문의 열관류율 값은 유리와 창틀(또는 문틀)을 포함한 평균 열관류율을 말한다.

거. "차양장치"라 함은 태양 일사의 실내 유입을 차단하기 위한 장치로서 외부 차양과 내부 차양 그리고 유리간 사이 차양으로 구분된다. 가동 유무에 따라 고정식과 가변식으로 나눌 수 있으며, 가변식은 수동식과 전동식, 센서 또는 프로그램에 의하여 가변 작동될 수 있는 것을 말한다. 단, 외부 차양장치는 하절기 방위별 실내 유입 일사량이 최대로 되는 시각에 외부 직달 일사량의 70% 이상을 차단할 수 있는 것에 한한다.

10. 기계설비부문

  가. "위험률"이라 함은 냉(난)방기간 동안 또는 연간 총시간에 대한 온도출현분포중에서 가장 높은(낮은) 온도쪽으로부터 총시간의 일정 비율에 해당하는 온도를 제외시키는 비율을 말한다.

  나. "효율"이라 함은 설비기기에 공급된 에너지에 대하여 출력된 유효에너지의 비를 말한다.

  다. "열원설비"라 함은 에너지를 이용하여 열을 발생시키는 설비를 말한다.

  라. "대수분할운전"이라 함은 기기를 여러 대 설치하여 부하상태에 따라 최적 운전상태를 유지할 수 있도록 기기를 조합하여 운전하는 방식을 말한다.

  마. "비례제어운전"이라 함은 기기의 출력값과 목표값의 편차에 비례하여 입력량을 조절하여 최적운전상태를 유지할 수 있도록 운전하는 방식을 말한다.

  바. "고효율가스보일러"라 함은 가스를 열원으로 이용하는 보일러로서 고효율인증제품과 산업통상자원부 고시「효율관리기자재 운용규정」에 따른 에너지소비효율 1등급 제품 또는 동등 이상의 성능을 가진 것을 말한다.

  사. "고효율원심식냉동기"라 함은 원심식냉동기 중 고효율인증제

품 또는 동등 이상의 성능을 가진 것을 말한다.

아. "심야전기를 이용한 축열·축냉시스템"이라 함은 심야시간에 전기를 이용하여 열을 저장하였다가 이를 난방, 온수, 냉방 등의 용도로 이용하는 설비로서 한국전력공사에서 심야전력 기기로 인정한 것을 말한다.

자. "폐열회수형환기장치"라 함은 난방 또는 냉방을 하는 장소의 환기장치로 실내의 공기를 배출할 때 급기되는 공기와 열교환하는 구조를 가진 것으로서 고효율인증제품 또는 동등 이상의 성능을 가진 것을 말한다.

차. "이코노마이저시스템"이라 함은 중간기 또는 동계에 발생하는 냉방부하를 실내 엔탈피 보다 낮은 도입 외기에 의하여 제거 또는 감소시키는 시스템을 말한다.

카. "중앙집중식 냉방 또는 난방설비"라 함은 건축물의 전부 또는 냉난방 면적의 60% 이상을 냉방 또는 난방함에 있어 해당 공간에 순환펌프, 증기난방설비 등을 이용하여 열원 등을 공급하는 설비를 말한다. 단, 산업통상자원부 고시「효율관리기자재 운용규정」에서 정한 가정용 가스보일러는 개별 난방설비로 간주한다.

11. 전기설비부문

가. "고효율변압기"라 함은 산업통상자원부 고시「효율관리기자재 운용규정」에서 정한 고효율 변압기로 정의하는 제품을 말한다.

나. "역률개선용콘덴서"라 함은 역률을 개선하기 위하여 변압기 또는 전동기 등에 병렬로 설치하는 콘덴서를 말한다.

다. "전압강하"라 함은 인입전압(또는 변압기 2차전압)과 부하측 전압과의 차를 말하며 저항이나 인덕턴스에 흐르는 전류에 의하여 강하하는 전압을 말한다.

라. "고효율조명기기"라 함은 광원, 안정기, 기타 조명기기로서 고효율인증제품 또는 산업통상자원부 고시 「효율관리기자재 운용규정」에서 고효율조명기기로 정의하는 제품을 말한다.

마. "조도자동조절조명기구"라 함은 인체 또는 주위 밝기를 감지하여 자동으로 조명등을 점멸하거나 조도를 자동 조절할 수 있는 센서장치 또는 그 센서를 부착한 등기구로서 고효율인증제품 또는 동등 이상의 성능을 가진 것을 말하며, LED센서등을 포함한다. 단, 백열전구를 사용하는 조도자동조절조명기구는 제외한다.

바. "수용률"이라 함은 부하설비 용량 합계에 대한 최대 수용전력의 백분율을 말한다.

사. "최대수요전력"이라 함은 수용가에서 일정 기간 중 사용한 전력의 최대치를 말하며, "최대수요전력제어설비"라 함은 수용가에서 피크전력의 억제, 전력 부하의 평준화 등을 위하여 최대수요전력을 자동제어할 수 있는 설비를 말한다.

아. "가변속제어기(인버터)"라 함은 정지형 전력변환기로서 전동기의 가변속운전을 위하여 설치하는 설비로서 고효율인증제

품 또는 동등 이상의 성능을 가진 것을 말한다.

자. "변압기 대수제어"라 함은 변압기를 여러 대 설치하여 부하상태에 따라 필요한 운전대수를 자동 또는 수동으로 제어하는 방식을 말한다.

차. "대기전력 저감형 도어폰"이라 함은 세대내의 실내기기와 실외기기간의 호출 및 통화를 하는 기기로서 산업통상자원부 고시「대기전력저감프로그램운용규정」에 의하여 대기전력저감우수제품으로 등록된 제품을 말한다.

카. "대기전력자동차단장치"라 함은 산업통상자원부고시「대기전력저감프로그램운용규정」에 의하여 대기전력저감우수제품으로 등록된 대기전력자동차단콘센트, 대기전력자동차단스위치를 말한다.

타. "자동절전멀티탭"이라 함은 산업통상자원부고시「대기전력저감프로그램운용규정」에 의하여 대기전력저감우수제품으로 등록된 자동절전멀티탭을 말한다.

파. "홈게이트웨이"라 함은 홈네트워크 서비스를 제공하는 기기로서 산업통상자원부 고시「대기전력저감프로그램운용규정」에 의하여 대기전력저감우수제품으로 등록된 제품을 말한다.

하. "일괄소등스위치"라 함은 층 및 구역 단위 또는 세대 단위로 설치되어 층별 또는 세대 내의 조명등(센서등 및 비상등 제외 가능)을 일괄적으로 켜고 끌 수 있는 스위치를 말한다.

거. "창문 연계 냉난방설비 자동 제어시스템"이라 함은 창문 개방시 센서가 이를 감지해 자동으로 해당 실의 냉난방 공급을 차단하는 시스템을 말한다.
12. 신·재생에너지설비부문
  가. "신·재생에너지"라 함은 「신에너지 및 재생에너지 개발·이용·보급촉진법」에서 규정하는 것을 말한다.
13. "공공기관"이라 함은 산업통상자원부고시 「공공기관 에너지이용합리화 추진에 관한 규정」에서 정한 기관을 말한다.

제2장 에너지절약 설계에 관한 기준

제1절 건축부문 설계기준

제6조(건축부문의 의무사항)
건축물을 건축하는 건축주와 설계자 등은 다음 각 호에서 정하는 건축부문의 설계기준을 따라야 한다.
1. 단열조치 일반사항
  가. 외기에 직접 또는 간접 면하는 거실의 각 부위에는 제2조에 따라 건축물의 열손실방지 조치를 하여야 한다. 다만, 다음 부위에 대해서는 그러하지 아니할 수 있다.
    1) 지표면 아래 2미터를 초과하여 위치한 지하 부위(공동주택의 거실 부위는 제외)로서 이중벽의 설치 등 하계 표면결로 방지 조치를 한 경우

2) 지면 및 토양에 접한 바닥 부위로서 주변 외벽 내표면까지의 모든 수평거리가 10미터를 초과하는 부위

3) 외기에 간접 면하는 부위로서 당해 부위가 면한 비난방공간의 외피를 별표1에 준하여 단열조치하는 경우

4) 공동주택의 층간바닥(최하층 제외) 중 바닥난방을 하지 않는 현관 및 욕실의 바닥부위

5) 제5조제9호아목에 따른 방풍구조 또는 바닥면적 150제곱미터 이하의 개별 점포의 출입문

나. 단열조치를 하여야 하는 부위의 열관류율이 위치 또는 구조 상의 특성에 의하여 일정하지 않는 경우에는 해당 부위의 평균 열관류율값을 면적가중 계산에 의하여 구한다.

다. 단열조치를 하여야 하는 부위에 대하여는 다음 각 호에서 정하는 방법에 따라 단열기준에 적합한지를 판단할 수 있다.

1) 이 기준 별표3의 지역별·부위별·단열재 등급별 허용 두께 이상으로 설치하는 경우(단열재의 등급 분류는 별표2에 따름) 적합한 것으로 본다.

2) 해당 벽·바닥·지붕 등의 부위별 전체 구성재료와 동일한 시료에 대하여 KS F2277(건축용 구성재의 단열성 측정방법)에 의한 열저항 또는 열관류율 측정값이 별표1의 부위별 열관류율에 만족하는 경우(시료와 공기층 두께가 동일하면서 기타 구성재료의 두께가 시료보다 증가한 경우 포함) 적합한 것으로 본다.

3) 구성재료의 열전도율 값으로 열관류율을 계산한 결과가 별표 1의 부위별 열관류율에 만족하는 경우 적합한 것으로 본다.(단, 각 재료의 열전도율 값은 한국산업규격 또는 공인시험기관 시험성적서의 값을 사용하고, 표면열전달저항 및 중공층의 열저항은 이 기준 별표5 및 별표6에서 제시하는 값을 사용)
4) 창 및 문의 경우 KS F 2278(창호의 단열성 시험 방법)에 의한 국가공인시험기관 시험성적서 또는 별표4에 의한 열관류율값 또는 산업통상자원부고시「효율관리기자재 운용규정」에 따른 창 세트의 열관류율 표시값이 별표1의 열관류율에 만족하는 경우 적합한 것으로 본다.
5) 열관류율 또는 열관류저항의 계산결과는 소수점 3자리로 맺음을 하여 적합 여부를 판정한다.(소수점 4째 자리에서 반올림)

라. 별표1 건축물부위의 열관류율 산정을 위한 단열재의 열전도율 값은 한국산업규격 KS L 9016 보온재의 열전도율 측정방법에 따른 국가공인기관의 시험성적서에 의한 값을 사용하되 열전도율 시험을 위한 시료의 평균온도는 20±5℃로 한다.

마. 수평면과 이루는 각이 70도를 초과하는 경사지붕은 별표1에 따른 외벽의 열관류율을 적용할 수 있다.

바. 바닥난방을 하는 공간의 하부가 바닥난방을 하지 않는 난방공간일 경우에는 당해 바닥난방을 하는 바닥부위는 별표1의

최하층에 있는 거실의 바닥으로 보며 외기에 간접 면하는 경우의 열관류율을 적용한다.

2. 에너지절약계획서 및 설계 검토서 제출대상 건축물은 별지 제1호 서식의 에너지 성능지표의 건축부문 1번 항목 배점을 0.6점 이상 획득하여야 한다.

3. 바닥난방에서 단열재의 설치

   가. 바닥난방 부위에 설치되는 단열재는 바닥난방의 열이 슬래브 하부 및 측벽으로 손실되는 것을 막을 수 있도록 온수배관(전기난방인 경우는 발열선) 하부와 슬래브 사이에 설치하고, 온수배관(전기난방인 경우는 발열선) 하부와 슬래브 사이에 설치되는 구성 재료의 열저항의 합계는 층간 바닥인 경우에는 해당 바닥에 요구되는 총열관류저항(별표1에서 제시되는 열관류율의 역수)의 60% 이상, 최하층 바닥인 경우에는 70% 이상이 되어야 한다. 다만, 바닥난방을 하는 욕실 및 현관부위와 슬래브의 축열을 직접 이용하는 심야전기이용 온돌 등(한국전력의 심야전력이용기기 승인을 받은 것에 한한다)의 경우에는 단열재의 위치가 그러하지 않을 수 있다.

4. 기밀 및 결로방지 등을 위한 조치

   가. 벽체 내표면 및 내부에서의 결로를 방지하고 단열재의 성능 저하를 방지하기 위하여 제2조에 의하여 단열조치를 하여야 하는 부위(창호 및 난방공간 사이의 층간 바닥 제외)에는 제5조제9호카목에 따른 방습층을 단열재의 실내측에 설치하여야

한다.
나. 방습층 및 단열재가 이어지는 부위 및 단부는 이음 및 단부를 통한 투습을 방지할 수 있도록 다음과 같이 조치하여야 한다.
  1) 단열재의 이음부는 최대한 밀착하여 시공하거나, 2장을 엇갈리게 시공하여 이음부를 통한 단열성능 저하가 최소화될 수 있도록 조치할 것
  2) 방습층으로 알루미늄박 또는 플라스틱계 필름 등을 사용할 경우의 이음부는 100 ㎜ 이상 중첩하고 내습성 테이프, 접착제 등으로 기밀하게 마감할 것
  3) 단열부위가 만나는 모서리 부위는 방습층 및 단열재가 이어짐이 없이 시공하거나 이어질 경우 이음부를 통한 단열성능 저하가 최소화되도록 하며, 알루미늄박 또는 플라스틱계 필름 등을 사용할 경우의 모서리 이음부는 150㎜이상 중첩되게 시공하고 내습성 테이프, 접착제 등으로 기밀하게 마감할 것
  4) 방습층의 단부는 단부를 통한 투습이 발생하지 않도록 내습성 테이프, 접착제 등으로 기밀하게 마감할 것
다. 건축물 외피 단열부위의 접합부, 틈 등은 밀폐될 수 있도록 코킹과 가스켓 등을 사용하여 기밀하게 처리하여야 한다.
라. 외기에 직접 면하고 1층 또는 지상으로 연결된 출입문은 제5조제9호아목에 따른 방풍구조로 하여야 한다. 다만, 다음 각 호에 해당하는 경우에는 그러하지 않을 수 있다.
  1) 바닥면적 3백 제곱미터 이하의 개별 점포의 출입문

2) 주택의 출입문(단, 기숙사는 제외)

3) 사람의 통행을 주목적으로 하지 않는 출입문

4) 너비 1.2미터 이하의 출입문

마. 방풍구조를 설치하여야 하는 출입문에서 회전문과 일반문이 같이 설치되어진 경우, 일반문 부위는 방풍실 구조의 이중문을 설치하여야 한다.

바. 건축물의 거실의 창호가 외기에 직접 면하는 부위인 경우에는 제5조제9호자목에 따른 기밀성 창호를 설치하여야 한다.

제7조(건축부문의 권장사항)

건축물을 건축하는 건축주와 설계자 등은 다음 각 호에서 정하는 사항을 제13조의 규정에 적합하도록 선택적으로 채택할 수 있다.

1. 배치계획

   가. 건축물은 대지의 향, 일조 및 주풍향 등을 고려하여 배치하며, 남향 또는 남동향 배치를 한다.

   나. 공동주택은 인동간격을 넓게 하여 저층부의 일사 수열량을 증대시킨다.

2. 평면계획

   가. 거실의 층고 및 반자 높이는 실의 용도와 기능에 지장을 주지 않는 범위 내에서 가능한 낮게 한다.

   나. 건축물의 체적에 대한 외피면적의 비 또는 연면적에 대한 외피면적의 비는 가능한 작게 한다.

다. 실의 용도 및 기능에 따라 수평, 수직으로 조닝계획을 한다.
3. 단열계획
    가. 건축물 외벽, 천장 및 바닥으로의 열손실을 방지하기 위하여 기준에서 정하는 단열두께보다 두껍게 설치하여 단열부위의 열저항을 높이도록 한다.
    나. 외벽 부위는 제5조제9호차목에 따른 외단열로 시공한다.
    다. 외피의 모서리 부분은 열교가 발생하지 않도록 단열재를 연속적으로 설치하고 충분히 단열되도록 한다.
    라. 건물의 창호는 가능한 작게 설계하고, 특히 열손실이 많은 북측의 창면적은 최소화한다.
    마. 발코니 확장을 하는 공동주택이나 창호면적이 큰 건물에는 단열성이 우수한 로이(Low-E) 복층창이나 삼중창 이상의 단열성능을 갖는 창호를 설치한다.
    바. 야간 시간에도 난방을 해야 하는 숙박시설 및 공동주택에는 창으로의 열손실을 줄이기 위하여 단열셔터 등 제5조제9호타목에 따른 야간단열장치를 설치한다.
    사. 태양열 유입에 의한 냉방부하 저감을 위하여 태양열 차폐장치를 설치한다.
    아. 건물 옥상에는 조경을 하여 최상층 지붕의 열저항을 높이고, 옥상면에 직접 도달하는 일사를 차단하여 냉방부하를 감소시킨다.
4. 기밀계획

가. 틈새바람에 의한 열손실을 방지하기 위하여 거실부위의 창호 및 문은 기밀성 창호 및 기밀성 문을 사용한다.

나. 공동주택의 외기에 접하는 주동의 출입구와 각 세대의 현관은 방풍구조로 한다.

5. 자연채광계획

가. 자연채광을 적극적으로 이용할 수 있도록 계획한다. 특히 학교의 교실, 문화 및 집회시설의 공용부분(복도, 화장실, 휴게실, 로비 등)은 1면 이상 자연채광이 가능하도록 한다.

나. 공동주택의 지하주차장은 300m^2 이내마다 1개소 이상의 외기와 직접 면하는 2m^2 이상의 개폐가 가능한 천창 또는 측창을 설치하여 자연환기 및 자연채광을 유도한다. 다만, 지하2층 이하는 그러하지 아니한다.

다. 수영장에는 자연채광을 위한 개구부를 설치하되, 그 면적의 합계는 수영장 바닥면적의 5분의 1 이상으로 한다.

라. 창에 직접 도달하는 일사를 조절할 수 있도록 제5조제9호거목에 따른 차양장치를 설치한다.

6. 환기계획

가. 외기에 접하는 거실의 창문은 동력설비에 의하지 않고도 충분한 환기 및 통풍이 가능하도록 일부분은 수동으로 여닫을 수 있는 개폐창을 설치하되, 환기를 위해 개폐 가능한 창부위 면적의 합계는 거실 외주부 바닥면적의 10분의 1 이상으로 한다.

나. 문화 및 집회시설 등의 대공간 또는 아트리움의 최상부에는 자연배기 또는 강제배기가 가능한 구조 또는 장치를 채택한다.

제2절 기계설비부문 설계기준

제8조(기계부문의 의무사항)

건축물을 건축하는 건축주와 설계자 등은 다음 각 호에서 정하는 기계부문의 설계기준을 따라야 한다.

1. 설계용 외기조건

난방 및 냉방설비의 용량계산을 위한 외기조건은 각 지역별로 위험율 2.5%(냉방기 및 난방기를 분리한 온도출현분포를 사용할 경우) 또는 1%(연간 총시간에 대한 온도출현 분포를 사용할 경우)로 하거나 별표7에서 정한 외기온·습도를 사용한다. 별표7 이외의 지역인 경우에는 상기 위험율을 기준으로 하여 가장 유사한 기후조건을 갖는 지역의 값을 사용한다. 다만, 지역난방공급방식을 채택할 경우에는 산업통상자원부 고시 「집단에너지시설의 기술기준」에 의하여 용량계산을 할 수 있다.

2. 열원 및 반송설비

가. 공동주택에 중앙집중식 난방설비(집단에너지사업법에 의한 지역난방공급방식을 포함한다)를 설치하는 경우에는 「주택건설기준등에관한규정」 제37조의 규정에 적합한 조치를 하여

야 한다.
나. 펌프는 한국산업규격(KS B 6318, 7501, 7505등) 표시인증제품 또는 KS규격에서 정해진 효율 이상의 제품을 설치하여야 한다.
다. 기기배관 및 덕트는 국토교통부에서 정하는 「건축기계설비공사표준시방서」의 보온두께 이상 또는 그 이상의 열저항을 갖도록 단열조치를 하여야 한다. 다만, 건축물내의 벽체 또는 바닥에 매립되는 배관 등은 그러하지 아니할 수 있다.

3. 공공기관에서 연면적 3,000 제곱미터 이상의 건물을 신축 또는 증축하는 경우에는 별지 제1호 서식 에너지성능지표의 기계부문 11번 항목 배점을 0.6점 이상 획득하여야 한다.

제9조(기계부문의 권장사항)

건축물을 건축하는 건축주와 설계자 등은 다음 각 호에서 정하는 사항을 제13조의 규정에 적합하도록 선택적으로 채택할 수 있다.

1. 설계용 실내온도 조건

난방 및 냉방설비의 용량계산을 위한 설계기준 실내온도는 난방의 경우 20℃, 냉방의 경우 28℃를 기준으로 하되(목욕장 및 수영장은 제외) 각 건축물 용도 및 개별 실의 특성에 따라 별표8에서 제시된 범위를 참고하여 설비의 용량이 과다해지지 않도록 한다.

2. 열원설비

가. 열원설비는 부분부하 및 전부하 운전효율이 좋은 것을 선정

한다.
나. 난방기기, 냉방기기, 냉동기, 송풍기, 펌프 등은 부하조건에 따라 최고의 성능을 유지할 수 있도록 대수분할 또는 비례제어운전이 되도록 한다.
다. 난방기기는 고효율인증제품 또는 이와 동등 이상의 것 또는 에너지소비효율 등급이 높은 제품을 설치한다.
라. 냉방기기는 고효율인증제품 또는 이와 동등 이상의 것 또는 에너지소비효율 등급이 높은 제품을 설치한다.
마. 보일러의 배출수·폐열·응축수 및 공조기의 폐열, 생활배수 등의 폐열을 회수하기 위한 열회수설비를 설치한다. 폐열회수를 위한 열회수설비를 설치할 때에는 중간기에 대비한 바이패스(by-pass)설비를 설치한다.
바. 냉방기기는 전력피크 부하를 줄일 수 있도록 하여야 하며, 상황에 따라 심야전기를 이용한 축열·축냉시스템, 가스 및 유류를 이용한 냉방설비, 집단에너지를 이용한 지역냉방방식, 소형열병합발전을 이용한 냉방방식, 신·재생에너지를 이용한 냉방방식을 채택한다.
3. 공조설비
가. 중간기 등에 외기도입에 의하여 냉방부하를 감소시키는 경우에는 실내 공기질을 저하시키지 않는 범위 내에서 이코노마이저시스템 등 외기냉방시스템을 적용한다. 다만, 외기냉방시스템의 적용이 건축물의 총에너지비용을 감소시킬 수 없는

경우에는 그러하지 아니한다.

나. 공기조화기 팬은 부하변동에 따른 풍량제어가 가능하도록 가변익축류방식, 흡입베인제어방식, 가변속제어방식 등 에너지절약적 제어방식을 채택한다.

4. 반송설비

가. 난방 순환수 펌프는 운전효율을 증대시키기 위해 가능한 한 대수제어 또는 가변속제어방식을 채택하여 부하상태에 따라 최적 운전상태가 유지될 수 있도록 한다.

나. 급수용 펌프 또는 급수가압펌프의 전동기에는 가변속제어방식 등 에너지절약적 제어방식을 채택한다.

다. 열원설비 및 공조용의 송풍기, 펌프는 효율이 높은 것을 채택한다.

5. 환기 및 제어설비

가. 청정실 등 특수 용도의 공간 외에는 실내공기의 오염도가 허용치를 초과하지 않는 범위 내에서 최소한의 외기도입이 가능하도록 계획한다.

나. 환기시 열회수가 가능한 제5조제10호자목에 따른 폐열회수형 환기장치 등을 설치한다.

다. 기계환기설비를 사용하여야 하는 지하주차장의 환기용 팬은 대수제어 또는 풍량조절(가변익, 가변속도), 일산화탄소(CO)의 농도에 의한 자동(on-off)제어 등의 에너지절약적 제어방식을 도입한다.

6. 위생설비 등
    가. 위생설비 급탕용 저탕조의 설계온도는 55℃ 이하로 하고 필요한 경우에는 부스터히터 등으로 승온하여 사용한다.
    나. 에너지 사용설비는 에너지절약 및 에너지이용 효율의 향상을 위하여 컴퓨터에 의한 자동제어시스템 또는 네트워킹이 가능한 현장제어장치 등을 사용한 에너지제어시스템을 채택하거나, 분산제어 시스템으로서 각 설비별 에너지제어 시스템에 개방형 통신기술을 채택하여 설비별 제어 시스템간 에너지관리 데이터의 호환과 집중제어가 가능하도록 한다.

제3절 전기설비부문 설계기준

제10조(전기부문의 의무사항)
건축물을 건축하는 건축주와 설계자 등은 다음 각 호에서 정하는 전기부문의 설계기준을 따라야 한다.
1. 수변전설비
    가. 변압기를 신설 또는 교체하는 경우에는 제5조제11호가목에 따른 고효율변압기를 설치하여야 한다.
2. 간선 및 동력설비
    가. 전동기에는 대한전기협회가 정한 내선규정의 콘덴서부설용량기준표에 의한 제5조제11호나목에 따른 역률개선용콘덴서를 전동기별로 설치하여야 한다. 다만, 소방설비용 전동기 및

인버터 설치 전동기에는 그러하지 아니할 수 있다.
나. 간선의 전압강하는 대한전기협회가 정한 내선규정을 따라야 한다.

3. 조명설비
  가. 조명기기 중 안정기내장형램프, 형광램프, 형광램프용안정기를 채택할 때에는 제5조제11호라목에 따른 고효율 조명기기를 사용하여야 한다.
  나. 안정기는 해당 형광램프 전용안정기를 사용하여야 한다.
  다. 공동주택 각 세대내의 현관 및 숙박시설의 객실 내부입구, 계단실의 조명기구는 인체감지점멸형 또는 일정시간 후에 자동소등되는 제5조제11호마목에 따른 조도자동조절조명기구를 채택하여야 한다.
  라. 조명기구는 필요에 따라 부분조명이 가능하도록 점멸회로를 구분하여 설치하여야 하며, 일사광이 들어오는 창측의 전등군은 부분점멸이 가능하도록 설치한다. 다만, 공동주택은 그러하지 않을 수 있다.
  마. 효율적인 조명에너지 관리를 위하여 층별, 구역별 또는 세대별로 일괄적 소등이 가능한 제5조제11호하목에 따른 일괄소등스위치를 설치하여야 한다. 다만, 실내 조명설비에 자동제어설비를 설치한 경우와 전용면적 60제곱미터 이하인 주택의 경우, 숙박시설의 각 실에 카드키시스템으로 일괄소등이 가능한 경우에는 그러하지 않을 수 있다.

4. 대기전력자동차단장치

　가. 공동주택은 거실, 침실, 주방에는 제5조제11호카목에 따른 대기전력자동차단장치를 1개 이상 설치하여야 하며, 대기전력자동차단장치를 통해 차단되는 콘센트 개수가 제5조제9호가목에 따른 거실에 설치되는 전체 콘센트 개수의 30% 이상이 되어야 한다.

　나. 공동주택 외의 건축물은 제5조제11호카목에 따른 대기전력자동차단장치를 설치하여야 하며, 대기전력자동차단장치를 통해 차단되는 콘센트 개수가 제5조제9호가목에 따른 거실에 설치되는 전체 콘센트 개수의 30% 이상이 되어야 한다. 다만, 업무시설 등에서 OA Floor를 통해서만 콘센트 배선이 가능한 경우에 한해 제5조제11호타목에 따른 자동절전멀티탭을 통해 차단되는 콘센트 개수를 산입할 수 있다.

제11조(전기부문의 권장사항)

건축물을 건축하는 건축주와 설계자 등은 다음 각 호에서 정하는 사항을 제13조의 규정에 적합하도록 선택적으로 채택할 수 있다.

1. 수변전설비

　가. 변전설비는 부하의 특성, 수용율, 장래의 부하증가에 따른 여유율, 운전조건, 배전방식을 고려하여 용량을 산정한다.

　나. 부하특성, 부하종류, 계절부하 등을 고려하여 변압기의 운전대수제어가 가능하도록 뱅크를 구성한다.

다. 수전전압 25kV이하의 수전설비에서는 변압기의 무부하손실
을 줄이기 위하여 충분한 안전성이 확보된다면 직접강압방식
을 채택하며 건축물의 규모, 부하특성, 부하용량, 간선손실,
전압강하 등을 고려하여 손실을 최소화할 수 있는 변압방식
을 채택한다.

라. 전력을 효율적으로 이용하고 최대수용전력을 합리적으로 관
리하기 위하여 제5조제11호사목에 따른 최대수요전력 제어설
비를 채택한다.

마. 역률개선용콘덴서를 집합 설치하는 경우에는 역률자동조절
장치를 설치한다.

바. 임대가 주목적인 건축물은 층별 및 임대 구획별로 전력량계
를 설치하여 사용자가 합리적으로 전력을 절감할 수 있도록
한다.

2. 동력설비

가. 승강기 구동용전동기의 제어방식은 에너지절약적 제어방식
으로 한다.

나. 전동기는 고효율 유도전동기를 채택한다. 다만, 간헐적으로
사용하는 소방설비용 전동기는 그러하지 않을 수 있다.

3. 조명설비

가. 옥외등은 고효율 에너지기자재 인증제품 또는 산업통상자원
부 고시 효율관리기자재 운용규정」에서 고효율조명기기로 등
록된 고휘도방전램프(HID Lamp : High Intensity Dis

charge Lamp) 또는 LED 램프를 사용하고, 옥외등의 조명회로는 격등 점등과 자동점멸기에 의한 점멸이 가능하도록 한다.
나. 공동주택의 지하주차장에 자연채광용 개구부가 설치되는 경우에는 주위 밝기를 감지하여 전등군별로 자동 점멸되거나 스케줄제어가 가능하도록 하여 조명전력이 효과적으로 절감될 수 있도록 한다.
다. LED 조명기구는 고효율인증제품을 설치하고 유도등은 LED 유도등을 설치한다.
라. 조명기기 중 백열전구는 사용하지 아니한다.
마. KS A 3011에 의한 작업면 표준조도를 확보하고 효율적인 조명설계에 의한 전력에너지를 절약한다.

4. 제어설비
가. 여러 대의 승강기가 설치되는 경우에는 군관리 운행방식을 채택한다.
나. 팬코일유닛이 설치되는 경우에는 전원의 방위별, 실의 용도별 통합제어가 가능하도록 한다.
다. 수변전설비는 종합감시제어 및 기록이 가능한 자동제어설비를 채택한다.
라. 실내 조명설비는 군별 또는 회로별로 자동제어가 가능하도록 한다.
마. 숙박시설, 기숙사, 학교, 병원 등에는 제5조제11호거목에 따

른 창문 연계 냉난방설비 자동 제어시스템을 채택하도록 한다.

5. 사용하지 않는 기기에서 소비하는 대기전력을 저감하기 위해 도어폰, 홈게이트웨이 등은 대기전력저감 우수제품으로 등록된 제품을 사용한다.

제4절 신·재생에너지설비부문 설계기준

제12조(신·재생에너지 설비부문의 의무사항)

건축물을 건축하는 건축주와 설계자 등은 건축물에 신·재생에너지설비를 설치하는 경우 「신에너지 및 재생에너지 개발·이용·보급 촉진법」에 따른 산업통상자원부 고시 「신·재생에너지 설비의 지원 등에 관한 기준」을 따라야 한다.

제3장 에너지절약계획서 및 설계 검토서 작성기준

제13조(에너지절약계획서 및 설계 검토서 작성)

에너지절약 설계 검토서는 별지 제1호 서식에 따라 에너지절약설계기준 의무사항 및 에너지성능지표, 에너지소요량 평가서로 구분된다. 에너지절약계획서를 제출하는 자는 에너지절약계획서 및 설계 검토서(에너지절약설계기준 의무사항 및 에너지성능지표, 에너지소요량 평가서)의 판정자료를 제시(전자문서로 제출하는 경우를 포함한다)하여야 한다. 다만, 자료를 제시할 수 없는 경우에는 부득이 당해 건축사 및 설계에 협력하는 해당분야 기술사(기계 및 전기)가 서명·날인한 설치예정확인서로 대체할 수 있다.

제14조(에너지절약설계기준 의무사항의 판정)
에너지절약설계기준 의무사항은 전 항목 채택 시 적합한 것으로 본다.

제15조(에너지성능지표의 판정) ① 에너지성능지표는 평점합계가 65점 이상일 경우 적합한 것으로 본다. 다만, 공공기관이 신축하는 건축물(별동으로 증축하는 건축물을 포함한다)은 74점 이상일 경우 적합한 것으로 본다.

② 에너지성능지표의 각 항목에 대한 배점의 판단은 에너지절약계획서 제출자가 제시한 설계도면 및 자료에 의하여 판정하며, 판정 자료가 제시되지 않을 경우에는 적용되지 않은 것으로 간주한다.

제4장 건축기준의 완화 적용

제16조(완화기준)
영 제11조에 따라 건축물에 적용할 수 있는 완화기준은 별표9에 따르며, 건축주가 건축기준의 완화적용을 신청하는 경우에 한해서 적용한다.

제17조(완화기준의 적용방법)

① 완화기준의 적용은 당해 용도구역 및 용도지역에 지방자치단체 조례에서 정한 최대 용적률의 제한기준, 조경면적 기준, 건축물 최대 높이의 제한 기준에 대하여 다음 각 호의 방법에 따라 적용한다.

1. 용적률 적용방법

「법 및 조례에서 정하는 기준 용적률」 × [1 + 완화기준]

2. 조경면적 적용방법

「법 및 조례에서 정하는 기준 조경면적」 × [1 − 완화기준]

3. 건축물 높이제한 적용방법

「법 및 조례에서 정하는 건축물의 최고높이」 × [1 + 완화기준]

② 완화기준은 제16조에서 정하는 범위 내에서 제1항제1호 내지 제3호에 나누어 적용할 수 있다.

제18조(완화기준의 신청 등)

① 완화기준을 적용받고자 하는 자(이하 "신청인"이라 한다)는 건축허가 또는 사업계획승인 신청 시 허가권자에게 별지 제2호 서식의 완화기준 적용 신청서 및 관계 서류를 첨부하여 제출하여야 한다.

② 이미 건축허가를 받은 건축물의 건축주 또는 사업주체도 허가변경을 통하여 완화기준 적용 신청을 할 수 있다.

③ 신청인의 자격은 건축주 또는 사업주체로 한다.

④ 완화기준의 신청을 받은 허가권자는 신청내용의 적합성을 검토하고, 신청자가 신청내용을 이행하도록 허가조건에 명시하여 허가하

여야 한다.

제19조(인증의 취득)

① 신청인이 인증에 의해 완화기준을 적용받고자 하는 경우에는 인증기관으로부터 예비인증을 받아야 한다.

② 완화기준을 적용받은 건축주 또는 사업주체는 건축물의 사용승인 신청 이전에 본인증을 취득하여 사용승인 신청 시 허가권자에게 인증서 사본을 제출하여야 한다. 단, 본인증의 등급은 예비인증 등급 이상으로 취득하여야 한다.

제20조(이행여부 확인)

① 인증취득을 통해 완화기준을 적용받은 경우에는 본인증서를 제출하는 것으로 이행한 것으로 본다.

② 이행여부 확인결과 건축주가 본인증서를 제출하지 않은 경우 허가권자는 사용승인을 거부할 수 있으며, 완화적용을 받기 이전의 해당 기준에 맞게 건축하도록 명할 수 있다.

제5장 건축물 에너지 소비 총량제

제21조(건축물의 에너지 소요량의 평가)

「건축법 시행령」제3조의4에 따른 업무시설 기타 에너지소비특성 및 이용 상황 등이 이와 유사한 건축물로서 연면적의 합계가 3천 제곱미터 이상인 건축물은 1차 에너지 소요량 등을 평가하여 별지 제1호 서식에 따른 건축물 에너지 소요량 평가서를 제출하여야 한다.

제22조(건축물의 에너지 소요량의 평가방법)

건축물 에너지소요량은 ISO 13790 등 국제규격에 따라 난방, 냉방, 급탕, 조명, 환기 등에 대해 종합적으로 평가하도록 제작된 프로그램에 따라 산출된 연간 단위면적당 1차 에너지소요량 등으로 평가하며, 별표10의 평가기준과 같이 한다.

제6장 보칙

제23조(복합용도 건축물의 에너지절약계획서 및 설계 검토서 작성방법 등)

① 에너지절약계획서 및 설계 검토서를 제출하여야 하는 건축물 중 비주거와 주거용도가 복합되는 건축물의 경우에는 해당 용도별로 에너지절약계획서 및 설계 검토서를 제출하여야 한다.

② 다수의 동이 있는 경우에는 동별로 에너지절약계획서 및 설계 검토서를 제출하는 것을 원칙으로 한다.(다만, 공동주택의 주거용도는 하나의 단지로 작성)

③ 설비 및 기기, 장치, 제품 등의 효율·성능 등의 판정 방법에 있어 본 기준에서 별도로 제시되지 않는 것은 해당 항목에 대한 한국산업규격(KS)을 따르도록 한다.

④ 기숙사, 오피스텔은 별표1 및 별표3의 공동주택 외의 단열기준을 준수할 수 있으며, 별지 제1호서식의 에너지성능지표 작성 시, 기본배점에서 비주거를 적용한다.

제24조(에너지절약계획서 및 설계 검토서의 이행)

① 허가권자는 건축주가 에너지절약계획서 및 설계 검토서의 작성 내용을 이행하도록 허가조건에 포함하여 허가할 수 있다.

② 건축주 또는 감리자는 건축물의 사용승인을 신청하는 경우 별지 제3호 서식 에너지절약계획 이행 검토서를 첨부하여 신청하여야 한다.

제25조(에너지 소요량 평가 세부기준 등)

이 기준 제21조의 에너지 소요량 평가를 위한 세부내용은「건축물 에너지효율등급 인증기준」을 준용한다.

제26조(에너지절약계획서 및 설계 검토서의 작성·검토업무)

국토교통부 장관은 에너지절약계획서 및 설계 검토서의 작성·검토업무의 효율적 수행을 위하여 국토교통부 장관이 지정한 녹색건축센터로 하여금 이 고시에 저촉되지 않는 범위 안에서 해설서 등을 제작하여 국토교통부 장관의 승인을 받아 운영토록 할 수 있다.

부칙 〈제2013-587호, 2013.10.1〉

제1조 (시행일) 이 기준은 고시한 날부터 시행한다.

제2조 (일반적 경과조치) ① 영 부칙 제2조의 특례적용 대상 건축물의 에너지절약계획서 작성 및 제출방법 등은 종전 규정에 따른다.

② 이 기준 시행 당시 다음 각 호의 어느 하나에 해당하는 경우에는 종전의 규정에 따른다. 다만, 종전의 규정이 개정규정에 비하여 건축주, 시공자 또는 공사 감리자에게 불리한 경우에는 개정규정에 따른다.

1. 건축허가를 받은 경우
2. 건축허가를 신청한 경우나 건축허가를 신청하기 위하여 건축법 제4조에 따른 건축위원회의 심의를 신청한 경우

[별표1] 지역별 건축물 부위의 열관류율표　　　　　　(단위 : W/㎡·K)

건축물의 부위			중부지역	남부지역	제주도
거실의 외벽	외기에 직접 면하는 경우		0.270 이하	0.340 이하	0.440 이하
	외기에 간접 면하는 경우		0.370 이하	0.480 이하	0.640 이하
최상층에 있는 거실의 반자 또는 지붕	외기에 직접 면하는 경우		0.180 이하	0.220 이하	0.280 이하
	외기에 간접 면하는 경우		0.260 이하	0.310 이하	0.400 이하
최하층에 있는 거실의 바닥	외기에 직접 면하는 경우	바닥난방인 경우	0.230 이하	0.280 이하	0.330 이하
		바닥난방이 아닌 경우	0.290 이하	0.330 이하	0.390 이하
	외기에 간접 면하는 경우	바닥난방인 경우	0.350 이하	0.400 이하	0.470 이하
		바닥난방이 아닌 경우	0.410 이하	0.470 이하	0.550 이하
바닥난방인 층간바닥			0.810 이하	0.810 이하	0.810 이하
창 및 문	외기에 직접 면하는 경우	공동주택	1.500 이하	1.800 이하	2.600 이하
		공동주택 외	2.100 이하	2.400 이하	3.000 이하
	외기에 간접 면하는 경우	공동주택	2.200 이하	2.500 이하	3.300 이하
		공동주택 외	2.600 이하	3.100 이하	3.800 이하

| 비고 |

1) 중부지역 : 서울특별시, 인천광역시, 경기도, 강원도(강릉시, 동해시, 속초시, 삼척시, 고성군, 양양군 제외), 충청북도(영동군 제외), 충청남도(천안시), 경상북도(청송군)

2) 남부지역 : 부산광역시, 대구광역시, 광주광역시, 대전광역시, 울산광역시, 강원도(강릉시, 동해시, 속초시, 삼척시, 고성군, 양양군), 충청북도(영동군), 충청남도(천안시 제외), 전라북도, 전라남도, 경상북도(청송군 제외), 경상남도, 세종특별자치시

[별표2] 단열재의 등급 분류

등급 분류	열전도율의 범위 (KS L 9016에 의한 20±5℃ 시험조건에서 열전도율)		KS M 3808, 3809 및 KS L 9102에 의한 해당 단열재 및 기타 단열재
	W/mk	㎉/mh℃	참 고 사 항
가	0.034 이하	0.029 이하	- 압출법보온판 특호, 1호, 2호, 3호 - 비드법보온판 2종 1호, 2호, 3호, 4호 - 경질우레탄폼보온판 1종 1호, 2호, 3호 및 2종 1호, 2호, 3호 - 그라스울보온판 48K, 64K, 80K, 96K, 120K - 기타 단열재로서 열전도율이 0.034W/mk (0.029㎉/mh℃) 이하인 경우
나	0.035~0.040	0.030~0.034	- 비드법보온판 1종 1호, 2호, 3호 - 미네랄울보온판 1호, 2호, 3호 - 그라스울보온판 24K, 32K, 40K - 기타 단열재로서 열전도율이 0.035~0.040W/mk (0.030~0.034㎉/mh℃) 이하인 경우
다	0.041~0.046	0.035~0.039	- 비드법보온판 1종 4호 - 기타 단열재로서 열전도율이 0.047~0.051W/mk (0.040~0.044㎉/mh℃) 이하인 경우
라	0.047~0.051	0.040~0.044	- 기타 단열재로서 열전도율이 0.047~0.051W/mk (0.040~0.044㎉/mh℃) 이하인 경우

※ 단열재의 등급분류는 단열재의 열전도율의 범위에 따라 등급을 분류한다.

[별표3] 단열재의 두께

■ 중부지역
(단위 : mm)

건축물의 부위	단열재의 등급			단열재 등급별 허용 두께			
				가	나	다	라
거실의 외벽	외기에 직접 면하는 경우			120	140	160	175
	외기에 간접 면하는 경우			80	95	110	120
최하층에 있는 거실의 바닥	외기에 직접 면하는 경우	바닥난방인 경우		140	165	190	210
		바닥난방이 아닌 경우		110	130	150	165
	외기에 간접 면하는 경우	바닥난방인 경우		85	100	115	130
		바닥난방이 아닌 경우		70	85	95	110
최상층에 있는 거실의 반자 또는 지붕	외기에 직접 면하는 경우			180	215	245	270
	외기에 간접 면하는 경우			120	145	165	180
바닥난방인 층간바닥				30	35	45	50

■ 남부지역
(단위 : mm)

건축물의 부위	단열재의 등급			단열재 등급별 허용 두께			
				가	나	다	라
거실의 외벽	외기에 직접 면하는 경우			90	110	125	135
	외기에 간접 면하는 경우			60	70	80	90
최하층에 있는 거실의 바닥	외기에 직접 면하는 경우	바닥난방인 경우		115	135	155	170
		바닥난방이 아닌 경우		95	115	130	145
	외기에 간접 면하는 경우	바닥난방인 경우		80	90	105	115
		바닥난방이 아닌 경우		60	70	85	90
최상층에 있는 거실의 반자 또는 지붕	외기에 직접 면하는 경우			145	175	200	220
	외기에 간접 면하는 경우			100	120	135	150
바닥난방인 층간바닥				30	35	45	50

■ 제주지역
(단위 : mm)

건축물의 부위	단열재의 등급			단열재 등급별 허용 두께			
				가	나	다	라
거실의 외벽	외기에 직접 면하는 경우			70	80	95	105
	외기에 간접 면하는 경우			45	50	55	65
최하층에 있는 거실의 바닥	외기에 직접 면하는 경우	바닥난방인 경우		95	115	130	145
		바닥난방이 아닌 경우		80	95	110	120
	외기에 간접 면하는 경우	바닥난방인 경우		65	75	90	95
		바닥난방이 아닌 경우		50	60	70	75
최상층에 있는 거실의 반자 또는 지붕	외기에 직접 면하는 경우			115	135	155	170
	외기에 간접 면하는 경우			75	90	105	115
바닥난방인 층간바닥				30	35	45	50

[별표4] 창 및 문의 단열성능(단위 : W/㎡·K)

창 및 문의 종류			창틀 및 문틀의 종류별 열관류율								
			금속재						플라스틱 또는 목재		
			열교차단재[1] 미적용			열교차단재 적용					
		유리의 공기층 두께(mm)	6	12	16이상	6	12	16이상	6	12	16이상
창	복층창	일반 복층창[2]	4.0	3.7	3.6	3.7	3.4	3.3	3.1	2.8	2.7
		로이유리(하드코팅)	3.6	3.1	2.9	3.3	2.8	2.6	2.7	2.3	2.1
		로이유리(소프트코팅)	3.5	2.9	2.7	3.2	2.6	2.4	2.6	2.1	1.9
		아르곤 주입	3.8	3.6	3.5	3.5	3.3	3.2	2.9	2.7	2.6
		아르곤 주입 + 로이유리 (하드코팅)	3.3	2.9	2.8	3.0	2.6	2.5	2.5	2.1	2.0
		아르곤 주입 + 로이유리 (소프트코팅)	3.2	2.7	2.6	2.9	2.4	2.3	2.3	1.9	1.8
	삼중창	일반삼중창[2]	3.2	2.9	2.8	2.9	2.6	2.5	2.4	2.1	2.0
		로이유리(하드코팅)	2.9	2.4	2.3	2.6	2.1	2.0	2.1	2.7	1.6
		로이유리(소프트코팅)	2.8	2.3	2.2	2.5	2.0	1.9	2.0	1.6	1.5
		아르곤 주입	3.1	2.8	2.7	2.8	2.5	2.4	2.2	2.0	1.9
		아르곤 주입 + 로이유리 (하드코팅)	2.6	2.3	2.2	2.3	2.0	1.9	1.9	1.6	1.5
		아르곤 주입 + 로이유리 (소프트코팅)	2.5	2.2	2.1	2.2	1.9	1.8	1.8	1.5	1.4
	사중창	일반 사중창[2]	2.8	2.5	2.4	2.5	2.2	2.1	2.1	1.8	1.7
		로이유리(하드코팅)	2.5	2.1	2.0	2.2	1.8	1.7	1.8	1.5	1.4
		로이유리(소프트코팅)	2.4	2.0	1.9	2.1	1.7	1.6	1.7	1.4	1.3
		아르곤 주입	2.7	2.5	2.4	2.4	2.2	2.1	1.9	1.7	1.6
		아르곤 주입 + 로이유리 (하드코팅)	2.3	2.0	1.9	2.0	1.7	1.6	1.6	1.4	1.3
		아르곤 주입 + 로이유리 (소프트코팅)	2.2	1.9	1.8	1.9	1.6	1.5	1.5	1.3	1.2
		단창	6.6			6.1			5.3		
문	일반문	단열두께 20mm 미만	2.7			2.6			2.4		
		단열두께 20mm 이상	1.8			1.7			1.6		
	유리문	단창문 유리비율[3] 50% 미만	4.2			4.0			3.7		
		단창문 유리비율 50% 이상	5.5			5.2			4.7		
		복층창문 유리비율 50% 미만	3.2	3.1	3.0	3.0	2.9	2.8	2.7	2.6	2.5
		복층창문 유리비율 50% 이상	3.8	3.5	3.4	3.3	3.1	3.0	3.0	2.8	2.7
		방풍구조문	2.1								

주1) 열교차단재 : 열교 차단재라 함은 창호의 금속프레임 외부 및 내부 사이에 설치되는 폴리염화비닐 등 단열성을 가진 재료로서 외부로의 열흐름을 차단할 수 있는 재료를 말한다.

주2) 복층창은 단창+단창, 삼중창은 단창+복층창, 사중창은 복층창+복층창을 포함한다.

주3) 문의 유리비율은 문 및 문틀을 포함한 면적에 대한 유리면적의 비율을 말한다.

주4) 창호를 구성하는 각 유리의 공기층 두께가 서로 다를 경우 그 중 최소 공기층 두께를 해당 창호의 공기층 두께로 인정하며, 단창+단창, 단창+복층창의 공기층 두께는 6mm로 인정한다.

주5) 창호를 구성하는 각 유리의 창틀 및 문틀이 서로 다를 경우에는 열관류율이 높은 값을 인정한다.

주6) 복층창, 삼중창, 사중창의 경우 한면만 로이유리를 사용한 경우, 로이유리를 적용한 것으로 인정한다.

주7) 삼중창, 사중창의 경우 하나의 창호에 아르곤을 주입한 경우, 아르곤을 적용한 것으로 인정한다.

[별표5] 열관류율 계산시 적용되는 실내 및 실외측 표면 열전달저항

열전달저항 건물 부위	실내표면열전달저항 [단위:$m^2 \cdot K/W$] (괄호안은 $m^2 \cdot h \cdot ℃/kcal$)	실외표면열전달저항 [단위:$m^2 \cdot K/W$] (괄호안은 $m^2 \cdot h \cdot ℃/kcal$)	
		외기에 간접 면하는 경우	외기에 직접 면하는 경우
거실의 외벽(측벽 및 창, 문 포함)	0.11(0.13)	0.11(0.13)	0.043(0.050)
최하층에 있는 거실 바닥	0.086(0.10)	0.15(0.17)	0.043(0.050)
최상층에 있는 거실의 반자 또는 지붕	0.086(0.10)	0.086(0.10)	0.043(0.050)
공동주택의 층간 바닥	0.086(0.10)	-	-

[별표6] 열관류율 계산시 적용되는 중공층의 열저항

공기층의 종류	공기층의 두께 da(cm)	공기층의 열저항 [단위 : ㎡·K/W] (괄호안은 ㎡·h·℃/㎉)
공장 제조 기밀제품	2 cm 이하	0.086×da(cm) (0.10×da(cm))
	2 cm 초과	0.17 (0.20)
현장 시공 등	1 cm 이하	0.086×da(cm) (0.10×da(cm))
	1 cm 초과	0.086 (0.10)
중공층 내부에 반사형 단열재가 설치된 경우	방사율 0.5 이하 : (1) 또는 (2)에서 계산된 열저항의 1.5배 방사율 0.1 이하 : (1) 또는 (2)에서 계산된 열저항의 2.0배	

[별표7] 냉·난방설비의 용량계산을 위한 설계 외기온·습도 기준

구 분 도시명	냉 방		난 방	
	건구온도(℃)	습구온도(℃)	건구온도(℃)	상대습도(%)
서 울	31.2	25.5	-11.3	63
인 천	30.1	25.0	-10.4	58
수 원	31.2	25.5	-12.4	70
춘 천	31.6	25.2	-14.7	77
강 릉	31.6	25.1	-7.9	42
대 전	32.3	25.5	-10.3	71
청 주	32.5	25.8	-12.1	76
전 주	32.4	25.8	-8.7	72
서 산	31.1	25.8	-9.6	78
광 주	31.8	26.0	-6.6	70
대 구	33.3	25.8	-7.6	61
부 산	30.7	26.2	-5.3	46
진 주	31.6	26.3	-8.4	76
울 산	32.2	26.8	-7.0	70
포 항	32.5	26.0	-6.4	41
목 포	31.1	26.3	-4.7	75
제 주	30.9	26.3	0.1	70

[별표8] 냉·난방설비의 용량계산을 위한 실내 온·습도 기준

구분 용도	난 방 건구온도(℃)	냉 방 건구온도(℃)	냉 방 상대습도(%)
공동주택	20~22	26~28	50~60
학교(교실)	20~22	26~28	50~60
병원(병실)	21~23	26~28	50~60
관람집회시설(객석)	20~22	26~28	50~60
숙박시설(객실)	20~24	26~28	50~60
판매시설	18~21	26~28	50~60
사무소	20~23	26~28	50~60
목욕장	26~29	26~29	50~75
수영장	27~30	27~30	50~70

[별표9] 완화기준

1) 건축물에너지 효율인증 등급 및 녹색 건축 인증등급에 따른 건축기준 완화비율

- 건축주 또는 사업주체가 녹색 건축 인증에 관한 규칙에 따른 녹색 건축 인증과 「건축물에너지효율등급 인증에 관한 규칙」에 따른 에너지효율인증등급을 별도로 획득한 경우 다음의 기준에 따라 건축기준 완화를 신청할 수 있다.

구분	에너지 효율인증 1등급	에너지 효율인증 2등급
녹색건축 인증 최우수 등급	12% 이하	8% 이하
녹색건축 인증 우수 등급	8% 이하 우수 등급	4% 이하

2) 신·재생에너지 이용 건축물 인증 등급에 따른 건축기준 완화비율

- 건축주 또는 사업주체가 신·재생에너지 이용 건축물 인증을 별도로 획득한 경우 다음의 기준에 따라 건축기준 완화를 신청할 수 있다.

신·재생에너지 이용 건축물 인증등급	1등급	2등급	3등급
건축기준 완화비율	3% 이하	2% 이하	1% 이하

3) 건축주 또는 사업주체가 1)항과 2)항을 동시에 충족하는 건축물을 설계할 경우에는 각각의 건축기준 완화비율을 합하여 건축기준의 완화신청을 할 수 있다.

국토해양부 산하 등록 제 79협회

Wood Building Design Institute

(사)한국목조건축기술협회
목조건축기술교육원

목조주택 전문기술인
양성과정 & 민간자격증 제도

전국 목조건축 교육을 통한
체계적인 전문 기술자 양성

사단법인 한국목조건축기술협회와 나무집사랑모임이 주관하는 조주택 전문기술인 양성과정 및 목조건축 민간자격증제도를 안내해 드립니다. 상세내용은 홈페이지 www.wooddesign.or.kr 교육과정 참조

전국교육원

- 금왕 : 나사목조학교 - 나무집사랑모임 본부
  - 충북 음성군 금왕읍 구계리 189   1899-1408
- 대구 : 다우원목조교육원
  - 대구시 남구 대명4동 3054-22 201호   053-624-8882
- 시흥 : 한국목조주택평생교육원
  - 경기도 시흥시 신천동 744 우영 프라자 204호 031-435-7723
- 오산 : 비젼아카데미평생교육원
  - 오산시 수청동 566-1 현대캐슬 101호   031-8015-8070
- 충주 : 건국대학교 미래지식 교육원
  - 건국대학교 충주캠퍼스 - 의료생명대학 320호 011-484-8321
- 서울 : 웰던 홈 목조주택 교육원
  - 서울시 송파구 송이로23길 4 금호빌딩 지층 010-7412-1753
- 제주 : 유수암 세미나하우스
  - 제주시 애월읍 유수암리 1402-1   010-2110-0070

강사진

- 김진희 : 목조건축기술교육원 원장, 캐나다 건축가
- 신영무 : 호원대 교수 역임, 제주교육원 원장
- 김화룡 : 나사목조학교 원장, 미국 제너럴 컨트랙터
- 박인규 : 서정대 겸임교수, 목조건축센터 부소장
- 원상욱 : 건국대 목조연구소 강사, 건국하우징 대표
- 김태욱 : 대구교육원 원장, 삼림하우징테크 기술고문
- 김동홍 : 오산교육원 전임강사
- 유회월 : 서울교육원 원장

교육과정

- KIAD 목조주택동영상교육 : 전문과정 / 기초과정
  - 홈페이지 www.kiad.or.kr 인터넷 강좌 02-553-2001
- 목조주택 전문아카데미 : 전문과정(5개월) / 기초과정(3개월)
  - 홈페이지 www.wooddesign.or.kr   02-553-2001

목조건축(주택)민간자격시험제도

- 목조건축기장보
- 목조건축기장1급
- 목조주택검사원1급
- 목조건축기장2급
- 목조주택검사원2급

사단법인 한국목조건축기술협회
www.wooddesign.or.kr
서울시 강남구 도곡동 954-19 서원빌딩 4층
Tel. 02-553-2001   Fax. 02-553-2031
e-mail : wooddesign@hanmail.net

고단열 목조주택 전문회사 (기본: 7L 하우스)

나무집협동조합

충북 음성군 금왕읍 구계리 189   ☎ 1522-4451

행복한 집짓기를 위한 새로운 건축문화를 만들다

- 영업비용, 도급비용을 없앴습니다.
- 목수는 정당한 임금을 받으면서 건축주를 위한, 작품으로 만들어 지는 집을 짓는 이상적인 집짓기 형태, 행복한 집짓기 문화를 만들어 가는 "나무집사랑모임"
- 대한민국 최고의 기술력을 갖는 2014년 현재 300여 시공팀이 함께합니다. 대한민국 목조주택 시공실적 1등 – 나무집사랑모임입니다.
- 나무집사랑모임은 도급을 주지 않습니다. 설계, 시공, A/S를 총괄하여 책임지고 운영하는 새롭고 창조적인 건축시스템입니다.

■ 나무집사랑모임 3대 원칙
  1. 완성현장 건축비 공개의 원칙
  1. 건축주를 위한 집짓기의 원칙
  1. 거품제거를 통한 실용의 원칙

■ 나무집사랑모임 특장점
  1. 기초부터 싱크대, 데크 마감까지의 책임시공
  1. 보수교육과 전문가 과정을 통한 기술의 공유
  1. 집짓기약관을 중심으로 하는 명확한 계약관계

■ 3-NO System
  1. 낭비가 없다 – 건축비의 투명한 공개와 임금 및 자재비용 분석을 통한 합리성 추구
  1. 갈등이 없다 – 현장팀장과 소장, 본부로 이어지는 갈등 해소 체계의 확립
  1. 도급이 없다 – 기초부터 마감까지의 '나무집사랑모임'일괄 책임 시공

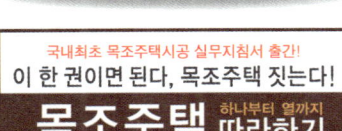

http://나무집사랑모임.kr , 또는 "나무집사랑모임"으로 검색   검색

홈페이지에 오시면 3000여채의 완성된 현장 모습과 정리되고 공개된 건축비(임금정산표)를 보실 수 있습니다.

목조주택 시공핸드북 판매
배송료 포함 10,000원(정가 15,000원)
1522-4451

건축주 공개세미나
매월 둘째주 토요일 10:00~17:00
(식대, 교재비 20,000원)

나사목조학교
- 일개월 교육후 현장취업(인턴목수제도 별도 운영)
- 수강료 70만원 – 나이제한없이 목수 활동 가능

7ℓ 목조주택 (㎡당 건축비=90만원)

100㎡(30평) 기준
-연간 냉난방 연료비 90만원 - 연간 경유 700ℓ (3.5드럼)

- 도급이 없는 철저한 책임시공
- 특수팀 시공 완벽한 관리체계
- (사)목조건축기술협회 검사제도

- **기초단열**: 국제기준 단열보강
- **단 열 재**: 수성연질폼
- **이중벽체**: 벽체단열 및 비흘림 시공
- **3중 창호**: 미국식 시스템 창호(트라이캐슬)

2ℓ 목구조 외단열 (㎡당 건축비=140만원)

100㎡(30평) 기준
- 연간 냉난방 연료비 25만원 - 연간 경유 200ℓ (1드럼)

- **지붕**: 스패니쉬 점토기와 또는 징크
- **외벽**: 스타코 플렉시텍스(테라코트)
- **창호**: 독일 퀘멜링 3중창(로이 + 알곤)
- **기초**: 국제기준 콘크리트 통기초(기초단열 포함)
- **마감**: 벽지, 스프러스 몰딩, 질석보드
- **기타**: 설비이중배관, LED조명
- **별도**: 싱크대, 조경

나무집협동조합 (1522-4451)

목조주택 시공핸드북 판매
배송료 포함 10,000원(정가 15,000원)
1522-4451

건축주 공개세미나
매월 둘째주 토요일 10:00~17:00
(식대, 교재비 20,000원)

나사목조학교
• 일개월 교육후 현장취업(인턴목수제도 별도 운영)
• 수강료 70만원 - 나이제한없이 목수 활동 가능

노출형 전문회사
웅진벽난로

웅진벽난로 　검색

벽난로가 보일러 기능 까지
연료값 70% 이상절감 효과

저희 웅진벽난로에서는 고객님들의 꿈과 행복이 가득한 공간에
격조 높은 벽난로를 만들어 공급해 드리고자 최선을 다하겠습니다.

 **웅진벽난로**
http://www.sunwj.co.kr
핸 드 폰 : 010-3725-2463
대표전화 : 031) 774-3344

테라코 외단열 시스템
Exterior Insulation Finishing System

MONOCOAT 모노코트
프리미엄 외단열 시스템

테라코 외단열 시스템은 유럽과 미국의 시스템 인증을 받았으며,
세계 16개국에서 같이 사용되고 있습니다.
시스템에 필요한 모든 제품을 엄격한 품질 관리하에 테라코 코리아가 일괄 공급합니다.

WHY MONOCOAT?
8mm~11mm 두툼한 마감층
8mm~11mm 두툼한 마감층은 쇠구슬을 1M 높이에서
투하시 모노코트 시스템의 손상이 없습니다.

모노코트 스톤믹스 시스템 (THK 11mm) / 모노코트 플레인 시스템 (THK 8mm)

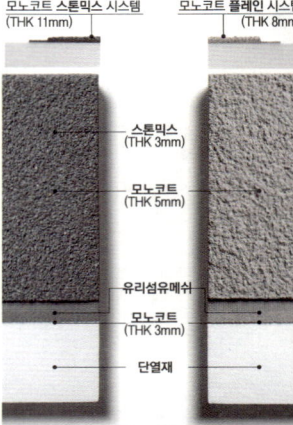

스톤믹스 (THK 3mm) / 모노코트 (THK 5mm) / 유리섬유메쉬 / 모노코트 (THK 3mm) / 단열재

• 마감재

테라코트 스므스 노말, 데코 | 테라코트 엑셀 | 테라코트 스톤 | 테라코트 이스탄불

테라코트 점보칩 | 플렉시텍스 테라코트씰 | 모노코트 | 테롤

• 메쉬

일반 메쉬 155g/m² | 보강 메쉬 290g/m²

• 메쉬 미장재

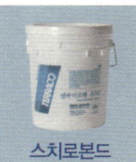 

스치로본드 | 엔바이로텍 800

• 단열재

EPS 보드 | 프로폴 보드 (준불연 EPS) | 네오폴 보드 | XPS 보드 (아이소핑크)

• 접착재

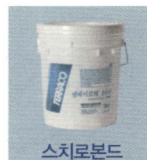 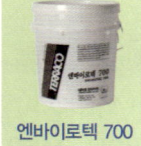

스치로본드 | 엔바이로텍 700

TERRACOAT FLEXITEX
플렉시텍스
고탄성의 아크릴 스터코

저온 -15˚C에도 균열에 강함
미국 수입 제품과 다르게 혹한의 동절기가 있는
한국 기후에 적합한 균열 방지 기능의 고탄성을 지닌
고기능성 아크릴 스터코 제품

자연 색상 50가지 및 주문색상 가능
컨셉과 디자인에 따른 주문색상이 가능

오염 및 자외선 저항성이 탁월
탄성을 유지하면서도 이끼방지 및 외부 오염에 대한
저항성을 극대화 시킨 제품으로 건물의 내구성을 높0

입자 굵기에 따라 3가지 패턴으로 연출 가능
시공방법에 따라 다양한 패턴 연출

수퍼화인 | 노말 | 그래놓

TERRACO GROUP
SWEDEN | IRELAND | UNITED KINGDOM | CHINA (Shanghai) | CHINA (Guangdong) | RUSSIA (West) | RUSSIA (East)
EGYPT | VIETNAM | SOUTH AFRICA | TURKEY | JORDAN
UAE | THAILAND | PAKISTAN | CYPRUS | ROMANIA

TERRACO KOREA
TERRACO KOREA CO. LTD

테라코 코리아㈜
TERRACO KOREA CO., LTD.

서울사무소 | 서울시 송파구 송파대로 274 | 대표전화 (02)561-1551
본사 및 공장 | 충북 제천시 송학면 송학로 10길 21 | 대표전화 (043)645-8811

Web | http://www.terraco.co.kr
Cafe | http://cafe.naver.com/terracokr
Blog | http://blog.naver.com/terracokr
Youtube | http://www.youtube.com/user/terracokr

- **HIP-시스템을 적용한다면**

  기존건축물 대비 냉·난방에너지가 **약 80%~90% 이상 절감됩니다.**(패시브건축물)

Tomorrow's Standard

누군가는 앞서가야합니다!

HIP(고성능외단열패널)를 이용한 벽체 및 지붕 시스템

목구조, 스틸(철)구조 등에 적용되는 쉽고, 간단한 외단열벽체!

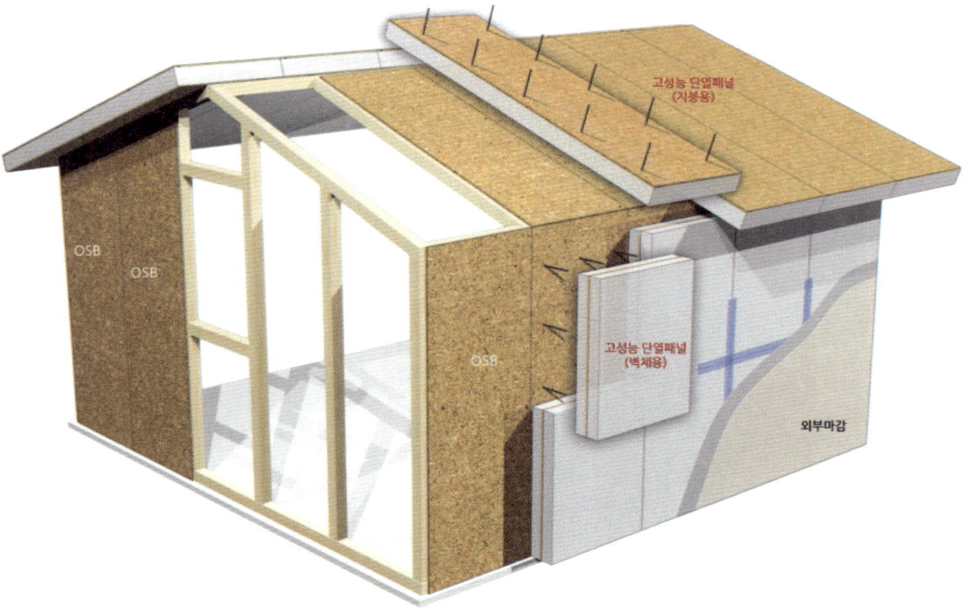

 주식회사 **한보엔지니어링**

대구광역시 동구 반야월로 86 | 서울특별시 서초구 반포대로 306 우진빌딩 603호
www.HANBOENG.com E-mail : hanboeng@chol.com

대표번호 053)764-5445

상상나무와 함께 지식을 창출하고 미래를 바꾸어 나가길 원하는 분들의 참신한 원고를 기다립니다. 한 권의 책으로 탄생할 수 있는 기획과 원고가 있으신 분들은 연락처와 함께 이메일로 보내주세요.

이메일 : ssyc973@daum.net